PERSPECTIVES

La collection *Perspectives* entend promouvoir une philosophie, des concepts, des méthodes et des études de cas montrant comment nous pouvons devenir des artisans d'un avenir choisi, conciliant le progrès des sciences et des techniques avec l'exigence de la performance globale et du progrès humain. Les ouvrages de cette collection, lancée avec le concours du ministère français des Affaires étrangères, sont publiés en deux langues pour favoriser l'indispensable dialogue entre cultures et civilisations.

Directeur de collection : André-Yves Portnoff.

Jean-Marc Lévy-Leblond, auteur du présent ouvrage, est physicien (théoricien) et épistémologue (expérimentateur). Professeur émérite de l'université de Nice, il dirige la revue *Alliage (culture, science, technique)* et les collections scientifiques des éditions du Seuil.

The aim of this series is to promote a philosophy, the concepts, methods and case studies that show how we can set about building a future we have actively chosen, one that reconciles advances in science and technology with the need for overall performance and for human progress. The series has been launched with support from the French Ministry of Foreign Affairs, and the books are being published in both French and English in order to encourage a broader dialogue.

Series editor: André-Yves Portnoff.

Jean-Marc Lévy-Leblond, the author of this book, is a theoretical physicist and (experimental) epistemologist. He is Professor Emeritus at the University of Nice, editor of the journal *Alliage (culture, science, technique)* and director of scientific collections at éditions du Seuil, Paris.

Dans la même collection / In the Same Collection

Sentiers d'innovation / Pathways to Innovation (André-Yves Portnoff)

Le Pari de l'intelligence. Des puces, des souris et des hommes / Betting on Intelligence. Of Chips, Mice and Men (André-Yves Portnoff)

Invitation à la prospective / An Invitation to Foresight (Hugues de Jouvenel)

Site Internet : http://www.futuribles.com

Jean-Marc Lévy-Leblond

La science en mal de culture
Science in Want of Culture

Traduit du français par
Translated from the French by
Chris Turner

Avec le concours du ministère français des Affaires étrangères
With support from the French Ministry of Foreign Affairs

futuribles
PERSPECTIVES

Scientific Culture: a Programme and Some Problems

Science in France is suffering from a great loss of credit, both literally and figuratively: the political and economic support for science, together with its intellectual and cultural reputation, are in a state of serious crisis. As a result, the self-satisfied triumphalism of institutional scientific discourse often gives way now to an anxious doom-mongering that is probably just as naive. The uncertainties surrounding the future of science have given rise to much wailing and lamentation and the responsibility for these uncertainties is laid at the door of both the political leaders, who are said not to understand (no longer to understand?) the importance of basic research for economic development, and of the lay public, which is said to be in the grip of a wave of "anti-science" and irrationalism that threatens the place of scientific knowledge in French culture.

As a consequence, it has become commonplace to hear impassioned pleas for the mass of the citizenry to be given a more in-depth, systematic access to scientific knowledge, so as to ensure a renewal of collective support for the scientific enterprise. The media, the education system and researchers themselves have been called on to make renewed efforts to this end. This is definitely an advance over an earlier situation in which most scientists, seeing it as a dereliction of duty to step outside their laboratories, left the responsibility for sharing scientific knowledge to retired mandarins and the media professionals — while at

La culture scientifique : un programme et des problèmes

La science souffre, en France, d'une forte perte de crédit, au sens propre comme au sens figuré : son soutien politique et économique, comme sa réputation intellectuelle et culturelle, connaît une crise sérieuse. Aussi, le triomphalisme satisfait des discours scientifiques institutionnels bascule-t-il maintenant souvent dans un catastrophisme anxieux probablement tout aussi naïf. Devant les incertitudes qui pèsent sur l'avenir de la science, se succèdent les déplorations et les lamentations qui en attribuent la responsabilité aussi bien aux dirigeants politiques qui ne comprendraient pas (plus ?) l'importance de la recherche fondamentale pour le développement économique, qu'au public profane qui serait gagné par une vague d'« antiscience » et d'irrationalisme menaçant la place des connaissances scientifiques dans la culture française.

Il est donc devenu courant d'entendre des plaidoyers ardents pour que, afin d'assurer un renouveau du soutien collectif à l'entreprise scientifique, l'ensemble des citoyens trouve un accès plus systématique et plus approfondi aux connaissances scientifiques. Des efforts nouveaux sont demandés à cet égard aux médias, au système éducatif, aux chercheurs eux-mêmes. C'est là certainement un progrès par rapport à la situation passée où la plupart des scientifiques considéraient qu'ils dérogeaient à leur devoir en sortant de leur laboratoire, et laissaient la responsabilité du partage du savoir aux mandarins en retraite et aux prothe same time deploring the pernicious effects of poorly superintended popularization. If the question of the relations between science and society is now keenly debated in most developed countries, it is by no means debated everywhere in the same terms. It seems to us that this question, which is often reduced to a mere problem of information or education, has to be posed in broader terms within the general context of the wider culture of our societies.

But the word "culture" itself has different meanings in different national cultures and this applies even more markedly where the issue is that of relations between science and culture.[1] While the Latin countries are generally bold enough to yoke these two terms together, the Anglo-Saxon world prefers the notions of "public understanding of science" and "scientific literacy", stressing the lay public's access to a minimal shared stock of scientific knowledge rather than the social, political or cultural context of that knowledge. In Germany the term *Wissenschaftsbildung* is used, which puts the accent on the educational dimension. In Italy, the richness of the historical tradition and cultural heritage leads quite naturally to the museographic and commemorative dimension being foregrounded. It is perhaps in Spain, at least implicitly, that the general conception is closest to the French view, which we shall now outline.

France, in fact, shows a certain singularity in this field, reflecting the specificity of its relation to culture overall, and the phrase "scientific and technical culture", little used in neighbouring lands, has become current in that country. Whatever the ambiguities of this term (which we shall examine below), it has the virtue of defining a sufficiently broad framework to take in a great diversity of initiatives and these have increased in number over the last two or three decades. New institutional sites of contact between science and the public have appeared, some ambitious and expensive such as the City of Sciences and Industry at La Villette, others more modest and less extravagant:

---

1. See "Science et culture en Europe". *Alliage (culture, science, technique)*, no. 16-17, Summer-Autumn 1993, and "Science et culture autour de la Méditerranée". *Alliage*, no. 24-25, Autumn-Winter 1995.

fessionnels de la médiatisation — tout en déplorant les effets pervers d'une vulgarisation mal contrôlée. Si la question des relations entre science et société est désormais posée avec acuité dans la plupart des pays développés, il s'en faut de beaucoup qu'elle le soit partout dans les mêmes termes. Souvent limitée à un problème d'information ou d'éducation, cette question nous semble pourtant devoir être abordée en des termes plus larges, dans le contexte général de la culture ambiante de nos sociétés.

Mais le mot « culture » lui-même revêt des significations différentes dans les diverses cultures nationales. C'est encore plus vrai s'il est question des relations entre science et culture [1]. Si les pays latins osent en général accoupler ces deux termes, le monde anglo-saxon préfère les notions de *public understanding of science* et de *scientific literacy*, insistant sur l'accès des profanes à un bagage commun minimal de connaissances scientifiques, plutôt qu'à leur contexte social, politique ou culturel. En Allemagne, c'est de *Wissenschaftsbildung* qu'il est question, le terme mettant l'accent sur les aspects éducatifs. En Italie, la richesse de la tradition historique et du patrimoine amène tout naturellement à privilégier la dimension muséographique et commémorative. C'est peut-être encore en Espagne que, implicitement au moins, la conception générale se rapproche le plus de la vision française que nous allons maintenant esquisser.

La France fait en effet montre en ce domaine d'une singularité certaine, qui prolonge la spécificité générale de son rapport à la culture, et le terme y est devenu aujourd'hui courant de « culture scientifique et technique », peu usité dans les pays voisins. Quoi qu'il en soit des ambiguïtés de ce vocable (que nous examinerons plus bas), il a la vertu de définir un cadre assez large pour accueillir une grande diversité d'initiatives qui, depuis deux ou trois décennies, se sont multipliées. De nouveaux lieux institutionnels de contact entre la science et le public sont apparus, ambitieux et coûteux comme la Cité des sciences et de l'industrie de La Villette, ou plus modestes et moins dispen-

1. Voir « Science et culture en Europe » et « Science et culture autour de la Méditerranée ». *Alliage (culture, science, technique)*, numéros spéciaux, respectivement n° 16-17, été-automne 1993, et n° 24-25, automne-hiver 1995.

a few dozen centres of scientific and technical culture spread across the country. Old institutions have been renovated, foremost among them the Musée national des Techniques (musée des Arts et Métiers). Apart from the museums, a great many voluntary organizations and amateur clubs are doing active "outreach" work, particularly with young people.[2] There are many "science cafés" offering friendly public forums for debate.[3] There are regular contacts and exchanges between scientists and artists or figures from the world of entertainment and a number of theatre companies bring scientific topics to the stage.[4] A variety of university courses (at Paris, Strasbourg, Lille, Nice, Tours, etc.) are now aimed at providing future "scientific mediators" with a training that is intellectually and culturally wide-ranging and critical, and the cultural services of the universities also cover the scientific dimension.[5] Lastly, there are magazines that strive to "culturate" science and think through the problems entailed in such a project.[6]

French singularity is distinctly visible once again in the active role the public authorities now play with regard to scientific and technical culture. The most clear-cut symbol of this policy is perhaps the Framework and Planning Law on Research of 1982, which redefined the responsibilities of scientific researchers by explicitly including the "dissemination of scientific and technical culture" in them. Since that date, the ministerial department responsible for scientific research has had a branch specifically responsible for these questions (known today

---

2. See l'association des musées et centres de culture scientifique, technique et industrielle (AMCSTI), amcsti@cnam.fr and the Internet site of the Association sciences, techniques et société (ASTS), www.asts.asso.fr.

3. For example, the vibrant science café of Lyon. See its website at www.1001-sciences.org.

4. Among the most active of these companies are "Les bâteleurs de la science" and "Science 89". Their respective Internet sites are at: www.unige.ch/fapse/SSE/teachers/giordan/LDES/prod/produc/bateleur.html and http://science89.free.fr.

5. See, for example, the website of the dynamic cultural service of the University of Lille 1 at www.univ-lille1.fr/culture.

6. *Alliage (culture, science, technique)*, website: www.tribunes.com/tribune/alliage/accueil.htm; *Cahiers art et science*, website: www.culture-bx1.u-bordeaux.fr/CultSc/ArtSc. [I employ the term "culturate" here because, in its original 17th-century meaning, it provides a direct translation of the French phrase "*mettre en culture*" (to bring under cultivation) and also retains the connection with "culture" intended in the original. Trans.]

dieux : quelques dizaines de centres de culture scientifique et technique répartis sur le territoire. Des institutions anciennes ont été rénovées, tel, au premier chef, le musée national des Techniques (musée des Arts et Métiers). Outre les musées, de multiples associations et clubs d'amateurs œuvrent « sur le terrain », comme on dit, en particulier en direction de la jeunesse [2]. De nombreux « cafés des sciences » offrent des lieux de débat publics et conviviaux [3]. Des expériences de contacts et d'échanges entre scientifiques et artistes ou gens de spectacle se déroulent régulièrement, et plusieurs compagnies théâtrales mettent la science sur scène [4]. Divers enseignements universitaires (Paris, Strasbourg, Lille, Nice, Tours, etc.) visent désormais à donner aux futurs médiateurs scientifiques des formations intellectuellement et culturellement riches et critiques, et les services culturels des universités prennent en charge la dimension scientifique [5]. Enfin, des revues s'efforcent de « mettre la science en culture » — et de penser les problèmes que pose ce projet [6].

La singularité française se marque encore dans le rôle actif que joue désormais la puissance publique en matière de culture scientifique et technique. Le symbole le plus net de cette politique se trouve peut-être dans la loi d'orientation et de programmation de la recherche de 1982, qui redéfinissait les missions des chercheurs scientifiques en y incluant explicitement la « diffusion de la culture scientifique et technique ». Depuis cette date, le département ministériel chargé de la recherche scientifique dispose d'un organisme spécifiquement responsable de ces

2. Voir l'AMCSTI (Association des musées et centres de culture scientifique, technique et industrielle), contact : amcsti@cnam.fr ; et le site Internet de l'ASTS (Association sciences, techniques et société), www.asts.asso.fr.

3. Voir par exemple le dynamique café des sciences de Lyon, site Internet www.1001-sciences.org.

4. Parmi les plus actives de ces compagnies : « Les bateleurs de la science » et « Science 89 », sites Internet respectifs : www.unige.ch/fapse/SSE/teachers/giordan/LDES/prod/produc/bateleur.html et http://science89.free.fr.

5. Voir par exemple le très actif service Culture de l'université de Lille I, site Internet www.univ-lille1.fr/culture.

6. *Alliage (culture, science, technique)*, site Internet www.tribunes.com/tribune/alliage/accueil.htm ; *Cahiers art et science*, site Internet www.culture-bx1.u-bordeaux.fr/CultSc/ArtSc.

as the "Mission de la culture et de l'information scientifiques et techniques et des musées"). More remarkable perhaps is the interest shown by the Ministry of Culture (in itself a distinctively French entity), as attested 20 years ago by the establishment within the ministry of an (unfortunately short-lived) Council of Scientific, Technical and Industrial Culture or by the fact that the ministry's National Book Centre included scientific literature within its remit (and still does so). More recently, in 2003, a joint declaration by the ministers of research and culture produced an outline for a common programme.[7] Beyond government level, there are today many regional councils, departmental councils and municipal authorities promoting and supporting a variety of initiatives.

Yet considerable ambiguities still remain where the aims and forms of this "scientific and technical culture" are concerned, and the same applies to equivalent undertakings in other countries, whatever the names given to them.

Are we dealing here with a new form of scientific popularization; the dissemination of technological information; an exercise in communication or in increasing the prestige of research activities; a sector of public education; a new field for artistic creation or an original form of cultural activity? Should these activities be carried on by scientific researchers, by "mediators", by creative artists or by professional presenters? Should the main responsibility for them be shouldered by the state, by local authorities or by private sponsors, or should they rather be self-financing? Are they aimed at the "general public", the "educated public", scientists themselves, the education sector or young people in general? Should they be developed at specific new sites, in existing cultural centres, centralized institutions, local networks, public bodies or community structures?

Clearly none of these questions calls for an exclusive answer or even one that lays down firm priorities. The practices and the actors, sponsors, audiences and forums for scientific culture

---

7. See "Plan national pour la diffusion de la culture scientifique et technique" on the French government website www.recherche.gouv.fr/discours/2004/plancs.htm.

questions (aujourd'hui dénommé Mission de la culture et de l'information scientifiques et techniques et des musées). Plus remarquable, peut-être, est l'intérêt porté par le ministère de la Culture (en lui-même une particularité française), comme en témoigna voici 20 ans l'établissement (malheureusement passager) d'un Conseil de la culture scientifique, technique et industrielle auprès du ministre, ou la prise en charge (toujours actuelle) de la littérature scientifique au sein du Centre national du livre. Plus récemment, en 2003, une déclaration conjointe des ministres de la Recherche et de la Culture esquissait un programme commun [7]. Au-delà du niveau gouvernemental, ce sont aujourd'hui de nombreux conseils régionaux, des conseils généraux, des municipalités, qui promeuvent ou soutiennent diverses réalisations.

Pourtant, de considérables ambiguïtés subsistent quant aux objectifs et aux formes de cette « culture scientifique et technique », ou des entreprises homologues dans d'autres pays, quelles qu'en soient les dénominations.

S'agit-il d'une nouvelle forme de vulgarisation scientifique, de la diffusion de l'information technologique, d'une action de communication, de la valorisation des activités de recherche, d'un secteur de l'éducation populaire, d'un champ nouveau pour la création artistique, d'une forme originale d'animation culturelle ? Ces activités doivent-elles être mises en œuvre par les chercheurs, les médiateurs, les créateurs, les animateurs ? Faut-il qu'elles soient prises en charge surtout par l'État, par les collectivités locales, par le mécénat, par l'autofinancement ? Visent-elles le « grand public », le « public cultivé », les scientifiques eux-mêmes, le secteur éducatif, la jeunesse en général ? Demandent-elles à être développées dans des lieux nouveaux et spécifiques, des centres culturels existants, des institutions centralisées, des réseaux locaux, des organismes publics, des structures associatives ?

Aucune de ces interrogations, évidemment, n'appelle en réponse un choix exclusif ni même prioritaire. Tant les pratiques

---

7. Voir le « Plan national pour la diffusion de la culture scientifique et technique » sur le site Internet www.recherche.gouv.fr/discours/2004/plancs.htm.

have to be conceived in terms of synergy, collaboration, multitasking and joint productions. However, such a statement of principle is in danger of creating merely superficial unanimity, and in fact remaining a dead letter, unless a thoroughgoing discussion of the very nature and aims of scientific culture — and, first and foremost, of the validity of the concept itself — takes place alongside the development of the related initiatives.

Brief Chronicle of a Divorce

Since its emergence at the end of the Renaissance, modern science has gradually come to stand alone, relegating the other forms of knowledge, rational or otherwise, to the historical past or to the margins of the institutions: alchemy or astrology can now be considered only as para-scientific, as occult cousins of the recognized sciences, having been in their time pre-scientific, the ancestors of chemistry and astronomy. Inevitably, they are still present and potent, but they have merely a factual presence; they are not seen as belonging rightfully to the sciences. In the space of four centuries, science as we now know it has established itself as the hegemonic model of knowledge. The importance of scientific references in political, economic and therapeutic discourse, as well as in advertising and even in the world of mysticism, proves that dominant position, even if the references in question are generally more rhetorical than substantive. Where science provides arguments based on authority rather than reason, that merely confirms its ideological potency.

But the history of this apparent triumph is also the history of a defeat. As it has asserted its place as the major reference of social discourse, science has lost contact with culture. I shall schematize this rupture in a deliberately over-simplified way, by distinguishing four successive phases in the situation of scientific activity as it relates to the cultural field:

— First, in the 16th and 17th centuries, a phase of **fusion**, when modern science was born as a major component of that vast cultural movement that brought about the European Renaissance and produced our present world. Physics was then known as que les acteurs, les commanditaires, les publics et les foyers de la culture scientifique, doivent être pensés en termes de synergies, de collaborations, de polyvalence, de coproductions. Une telle affirmation de principe, pourtant, risque de ne susciter qu'un unanimisme de façade et de rester lettre morte, si une discussion de fond sur la nature et les visées de la culture scientifique — et d'abord sur la validité de ce concept même — ne se déroule pas en même temps que s'en développent les initiatives.

Brève chronique d'un divorce

La science moderne, depuis son émergence à la fin de la Renaissance, est progressivement devenue la science tout court. Elle a relégué les autres formes de connaissance, rationnelles ou non, dans le passé historique ou dans la marge institutionnelle : l'alchimie ou l'astrologie ne peuvent plus être considérées que, hier comme préscientifiques, ancêtres de la chimie et de l'astronomie, aujourd'hui comme parascientifiques, cousines occultes des sciences reconnues. Elles n'en sont pas nécessairement moins présentes et puissantes pour autant, mais seulement de fait, non plus de droit. En quatre siècles, la science telle que nous la connaissons désormais s'est érigée en modèle hégémonique du savoir. L'importance des références scientifiques dans les discours politique, économique, thérapeutique, publicitaire, voire mystique, prouve suffisamment cette position dominante — même si ces références sont en général rhétoriques plus que méthodiques. Que la science fournisse arguments d'autorité plus que de raison, ne fait que confirmer sa puissance idéologique.

Mais l'histoire de ce triomphe apparent est aussi celle d'une défaite. Au fur et à mesure qu'elle s'est affirmée comme référence majeure du discours social, la science a perdu contact avec la culture. De façon délibérément simpliste, je schématiserai cette rupture en distinguant quatre phases successives quant à la situation de l'activité scientifique par rapport au champ culturel :

— **Fusion**, tout d'abord, aux XVIe et XVIIe siècles, lorsque naît la science moderne comme composante majeure du vaste mouvement culturel qui accomplit la Renaissance et engendre natural philosophy and science was still synonymous with knowledge in general. Galileo and Descartes were as much philosophers and writers as each was, respectively, a physicist and a mathematician. Indeed, we can go further and say that the modern scientific revolution was very much a by-product of the cultural rootedness of its founders. It was his skills in drawing, with the rich pictorial tradition of Italy behind him, that enabled Galileo to draw the mountains of the moon or to perceive them in the first place; his talents as a musician were put to good use in the measurement of time that was needed to establish the law of falling bodies; and his thorough training as a man of letters made his chief works (written in Italian now, not Latin!) the scientific and literary masterpieces that were to ensure that his discoveries achieved the influence they deserved.[8] This example is emblematic of the period.[9]

— Then, in the 18th century, during the Enlightenment, a phase of **alliance**. The paradigmatic example here is that of the Encyclopaedists: science is now no longer identical with technique, the arts or philosophy, however much they may all be allied. Even though they advance in concert, the question of the relations between them is now an issue. To see this, one need merely consider the men behind the *Encyclopédie* themselves: Diderot, a philosopher and writer, d'Alembert, a physicist and mathematician; they are closely related, but different. Science was within culture, but distinguished from it, and though the field of science stabilized, it also grew more limited. It acquired its own institutions, the great national academies, and moved closer to the centres of power. Its cultural impact became more indirect: it was through the writings of Pope,[10]

---

8. Galileo's major works can and should be read both by professionals and non-specialists. The following are available in English: "The Assayer" (1623) in: STILLMAN Drake (ed.). *Discoveries and Opinions of Galileo*. New York: Anchor Books, 1957; *Sidereal Messenger* (1610). New York: Johnson Reprint, 1965; *Dialogue concerning the Two Chief World Systems* (1632). New York: Modern Library Science Series, 2001; and *Dialogues concerning Two New Sciences* (1638). Buffalo: Prometheus Books, 1991.

9. See the dossier "Dialogue avec Galilée". *Alliage (culture, science, technique)*, no. 13, Autumn 1992.

10. In Newton's own lifetime, the poet Alexander Pope wrote these famous lines in his honour: "Nature and nature's laws lay hid in night/God said let Newton be! and all was light."

notre monde. La physique alors s'appelle philosophie naturelle, et science est encore synonyme de connaissance. Galilée n'est pas plus physicien ni Descartes plus mathématicien qu'ils ne sont philosophes et écrivains. Mieux encore : la révolution scientifique moderne est étroitement tributaire de l'enracinement culturel de ses fondateurs. Ce sont les compétences de Galilée comme dessinateur, riche de la tradition picturale italienne, qui lui permettent de dessiner et d'abord de percevoir les reliefs de la Lune ; ses talents de musicien sont mis à profit dans les mesures de temps nécessaires à l'établissement de la loi de la chute des corps ; et sa profonde formation de lettré fait de ses livres principaux (écrits en italien et non plus en latin !) les chefs-d'œuvre à la fois scientifiques et littéraires qui assureront à ses découvertes le rayonnement qu'elles méritent [8]. Cet exemple est emblématique de la période [9].

— **Alliance** ensuite, au XVIIIe siècle, pendant l'âge des lumières. Ici, l'exemple paradigmatique est celui du mouvement encyclopédiste : la science ne se confond plus avec les techniques, les arts ou la philosophie, tout alliées qu'elles soient. Même si elles avancent de front, le problème de leurs relations est désormais posé. Il suffit, pour s'en convaincre, de considérer les porteurs du projet encyclopédique eux-mêmes : Diderot, philosophe et écrivain, et d'Alembert, physicien et mathématicien — proches, mais différents. La science est dans la culture, mais elle s'y distingue, et son domaine à la fois se stabilise et se restreint. La science acquiert ses propres institutions, les grandes académies nationales, et se rapproche du pouvoir. Son impact culturel se fait plus indirect : c'est par la médiation des Pope [10],

8. Les ouvrages majeurs de Galilée peuvent et doivent être lus, tant par les profanes que par les professionnels. Sont accessibles en version française, *L'Essayeur*. Paris : Les Belles Lettres, 1980 (écrit en 1623) ; *Le Messager des étoiles*. Paris : Le Seuil, 1992 (écrit en 1610) ; *Dialogue sur les deux grands systèmes du monde*. Paris : Le Seuil, 1992 (écrit en 1632) ; *Discours concernant deux sciences nouvelles*. Paris : Armand Colin, 1970 (écrit en 1638).

9. Voir le dossier « Dialogue avec Galilée ». *Alliage (culture, science, technique)*, n° 13, automne 1992.

10. Le poète Alexander Pope écrivit, du vivant même de Newton, ces fameux vers à sa gloire, devenus son épitaphe : « La Nature et ses lois se cachaient dans la nuit / Dieu dit : "Que Newton soit !" et tout devint lumière. »

Voltaire,[11] Fontenelle[12] and other popularizers (the role, if not the term, dates from this point) that Newton and his rivals saw their scientific work transmuted on to the cultural plane. Yet at this date, when the key idea of Progress emerged, there was still harmony between scientific and historical progress, and the French Revolution would have faith in the emancipatory role of science: the metric system[13] and the foundation of the Musée des Arts et Métiers, bear sufficient testament to this and give concrete expression to the state interventionism that is so characteristic of France.

— In the 19th century, a phase of progressive **separation**, in which the ideology of progress became articulated around the scientism that formed its central core, while Romanticism emerged in absolute opposition to it. If Blake,[14] Goethe,[15] and Lamartine openly expressed their rejection of the rising science, the majority of the artists, musicians and writers of the century demonstrated an even more telling lack of interest. Neither Carnot, Maxwell nor Boltzmann were to be regarded as cultural heroes or pioneers. Hugo alone (how alone, indeed!) would attempt to preserve a synthetic vision of human thought, but it would require all the exalted character of his unique genius.[16]

---

11. It was Voltaire and his companion Émilie du Châtelet, of the two the much more competent scientist, who introduced Newton's works into France. Voltaire published his *Letters on Newton* in 1736, while Mme du Châtelet translated *Principia Mathematica* into French.

12. Bernard de Fontenelle's *Conversations on the Plurality of Worlds* (Berkeley: University of California Press, 1990), first published in 1686, is generally regarded as the first work of scientific popularization.

13. The decimal metric system was introduced by a decree of 7 April 1795 of the French First Republic.

14. The Romantic poet William Blake violently attacked the mathematical view of the world held by Newton, whom he depicted in a famous engraving as a wayward hero, stubbornly stooping over sterile geometrical diagrams laid out on the ground before him.

15. Goethe prided himself on his knowledge of science and in 1809 wrote *Elective Affinities*, a magnificent novel, the title and plot of which are based on a chemical metaphor. However, his attitude to the science of his day was entirely rejectionist, as is illustrated, for example, by his colour theory which was totally anti-Newtonian and scientifically obsolete from the outset. See ÉLIE Maurice. *Lumière, couleurs et nature : l'optique et la physique de Goethe et de la Naturphilosophie*. Paris: Vrin, 1993.

16. One should read Victor Hugo's admirable *L'Art et la science* (Arles: Actes Sud, 1985), a reprint of chapter 3 of Hugo's *William Shakespeare*, written in 1864. See also TOULOTTE Muriel. "De Géo à Démos, Victor Hugo et François Arago". *Alliage (culture, science, technique)*, no. 26, Spring 1986, pp. 27-35.

Voltaire [11], Fontenelle [12] et autres vulgarisateurs (le rôle sinon le terme date de ce moment) que Newton et ses émules voient leur œuvre scientifique transmuée sur le plan culturel. À cette époque où émerge l'idée clé du Progrès, il y a cependant encore harmonie entre progrès scientifique et progrès historique, et la Révolution française croira au rôle émancipateur de la science : le système métrique [13], comme la fondation du musée des Arts et Métiers, en témoigne assez et concrétise cet interventionnisme de l'État si caractéristique de la France.

— **Séparation** progressive au cours du XIXe siècle, où l'idéologie du progrès se structure sur le scientisme devenu son noyau dur, cependant qu'en opposition absolue se manifeste le romantisme. Si Blake [14], Goethe [15], Lamartine expriment ouvertement leur refus de la science montante, la majorité des artistes, musiciens et écrivains du siècle font preuve d'une absence d'intérêt encore plus probante. Ni Carnot, ni Maxwell, ni Boltzmann ne seront pris pour héros ou hérauts culturels. Hugo seul (ô combien !) tentera de conserver une vision synthétique de la pensée humaine — il lui faudra toute la hauteur de son génie unique [16].

---

11. C'est Voltaire et sa compagne Émilie du Châtelet, scientifiquement bien plus compétente que lui d'ailleurs, qui introduisirent en France l'œuvre de Newton. Voltaire publia en 1736 une *Épître sur Newton*, puis en 1738 *Les Éléments de la philosophie de Newton*, cependant que Mme du Châtelet traduisait en français les *Principia Mathematica*.

12. On s'accorde en général à reconnaître les *Entretiens sur la pluralité des mondes* de Bernard de Fontenelle, publiés en 1686, comme le premier ouvrage de vulgarisation scientifique (une édition récente est disponible chez Flammarion, Paris,1998).

13. Le système métrique décimal a été institué par un décret du 7 avril 1795 de la première République française.

14. Le poète romantique William Blake attaqua violemment la vision mathématique du monde de Newton, qu'il représente dans une gravure célèbre, comme un héros dévoyé obstinément tourné vers un sol couvert de stériles diagrammes géométriques.

15. Goethe se piquait de science et écrivit *Les Affinités électives*, en 1809, magnifique roman dont le titre et l'intrigue reposent sur la métaphore chimique ; pourtant, son attitude par rapport à la science de son temps fut toute de rejet, comme le montre par exemple sa théorie des couleurs, totalement anti-newtonienne et scientifiquement caduque dès sa naissance ; voir ÉLIE Maurice. *Lumière, couleurs et nature : l'optique et la physique de Goethe et de la Naturphilosophie*. Paris : Vrin, 1993.

16. Il faut lire ce texte admirable : HUGO Victor. *L'Art et la science*. Arles : Anais / Actes Sud, 1985 (c'est le chapitre 3 du *William Shakespeare* d'Hugo, écrit en 1864). Voir aussi TOULOTTE Muriel. « De Géo à Démos, Victor Hugo et François Arago ». *Alliage (culture, science, technique)*, n° 26, printemps 1986, pp. 27-35.

By the end of the century science, tightly integrated into the technical and economic spheres and ensconced in powerful institutions (the great universities, industrial laboratories), had become unassailable. It is no surprise, then, that, by contrast with the Romantic rejection, a desire to be reconciled with science, if not indeed to profess allegiance to it, should appear in the cultural field: it was to be the programme of Naturalism, in Zola's version, to take scientific activity — in the event, the physiology of Claude Bernard — as the model for a literary practice of "social physiology".[17]

— Lastly, for most of the 20th century, a phase of **alienation**, in which the cultural movement, artistic, literary or philosophical, evinced a grudging indifference toward science, punctuated by episodic and often derisory moves toward reconciliation. And these (rare) attempts to rehabilitate science quickly turned into clumsy efforts to exploit the guarantee that unassailable formal scientificity offers to any justificatory discourse — for example, the references certain exegetes of Cubism (though not its creators themselves) felt they could find in the physics of relativity and its four-dimensional space-time. You can count on the fingers of one hand the great literary works in which the — decisive — ascendancy of science over society is manifested. We shall come back to this point. Certain cultural avant-gardes have, admittedly, attempted to maintain a fruitful dialogue with the scientific activity of their time. Soviet constructivism or Italian futurism spring to mind here. But these modernist enterprises — linked, we may note in passing, to political utopias that were sometimes noble, but always dangerous — remained isolated and short-lived. If, at the dawn of the 21st century, the gap between science and culture continues to grow, this is also because science is changing in nature. Its increasing technical efficacy goes hand in hand with a reduction in its intellectual capacities: its practical dimension is winning out over its speculative abilities; know-how is supplanting knowledge. We are thus moving gradually from a regime in which science and technology were linked by com-

---

17. ZOLA Émile. *The Experimental Novel*. New York: Haskell House, 1964. The work was written in 1880.

À la fin du siècle, la science, étroitement intégrée à la sphère technique et économique, ayant pris ses quartiers dans de puissantes institutions (les grandes universités, les laboratoires industriels), sera devenue incontestable. Rien d'étonnant alors à ce que, à l'opposé du rejet romantique, apparaisse dans le champ culturel une volonté de réconciliation, sinon même d'allégeance : ce sera le programme du naturalisme à la Zola que de prendre l'activité scientifique, en l'occurrence la physiologie de Claude Bernard, comme modèle d'une pratique littéraire de « physiologie sociale » [17].

— **Aliénation** enfin, pour l'essentiel du XXe siècle, où le mouvement culturel, qu'il soit artistique, littéraire, philosophique, marque à l'égard de la science une indifférence rancunière, ponctuée d'épisodiques et souvent dérisoires gestes de réconciliation. Et ces (rares) tentatives de récupération tournent vite à l'exploitation maladroite de la caution qu'offre l'inattaquable scientificité formelle à tout discours de justification — ainsi des références que certains exégètes du cubisme (mais non ses créateurs mêmes) ont cru pouvoir trouver dans la physique relativiste et son espace-temps à quatre dimensions. Du côté de la littérature, c'est sur les doigts de la main que l'on peut compter les grandes œuvres où se manifeste l'emprise pourtant déterminante de la science sur la société — on y reviendra. Quelques avant-gardes culturelles, certes, ont tenté d'entretenir avec l'activité scientifique de leur temps un dialogue fécond : que l'on pense au constructivisme soviétique ou au futurisme italien. Mais ces entreprises modernistes, au demeurant liées à des utopies politiques parfois généreuses mais toujours dangereuses, sont restées isolées et sans lendemain. Si, à l'aube du XXIe siècle, le hiatus entre science et culture continue à se creuser, c'est aussi que la science change de nature. Son efficacité technique croissante s'accompagne d'un amoindrissement de ses capacités intellectuelles. Sa dimension pratique l'emporte sur son aptitude spéculative, les savoir-faire recouvrent les savoirs. On passe ainsi progressivement d'un régime où science et technique étaient

17. ZOLA Émile. *Le Roman expérimental*. Paris : éd. du Sandre, 2004 (texte écrit en 1880).

plex relations, to the rule of a techno-science in which the two terms merge and lose their autonomy. This can only aggravate their cultural alienation.

Two Cultures?

From secondary school onwards, one is either on the arts or the science side. Some would even say we are born that way. And at fashionable parties, anyone who is introduced as a physicist or biologist (we might almost say "exposed" as such), will hear the inevitable "Oh, you know, me and science..." from the writers or painters present. And this is delivered in the exact tone used by the fox abandoning to the "fools" the grapes that he judged too sour.[18] If culture is what one has "not seen, not read, but heard talked about" (Cavanna) and which we therefore talk about ourselves, it is noticeable that the conversation over cocktails is about sport or cars, films or politics, painting or literature, depending on one's social sphere, but not about chemistry or mathematics.

Moreover, moving from culture to those who produce it, it is noteworthy that, unlike cultural creation, scientific activity receives public recognition only in an all-or-nothing process. To be visible, the scientist must be got up in the archaic finery of the savant. The only assured escape from anonymity is apotheosis or some other form of mythic transfiguration. Even the Nobel Prize hardly does the trick; to make an impression on the collective imagination you have to become Einstein or Marie Curie. And, on a more modest scale, the media are content to build up and exploit the notoriety of at most a dozen tame scientists, who are then supposed to represent the tens of thousands of professional scientists. Anyone doubting the validity of this observation need only take a quick straw poll to find that the man in the street can spontaneously name ten to a hundred times more actors, singers or TV presenters than scientific researchers.

18. The reference is to La Fontaine's version of this fable: "'They are too green,' he said 'and only good for fools'" (Trans.).

liées par de complexes rapports à l'empire d'une technoscience où les deux termes se confondent et perdent leur autonomie, ce qui ne peut qu'aggraver leur aliénation culturelle.

Deux cultures ?

Déjà lycéen, on est — on naît, diront même certains — littéraire ou scientifique. Et dans les soirées mondaines, tout physicien ou biologiste aussitôt présenté — pour ne pas dire dénoncé — comme tel, entend des écrivains ou peintres présents l'inévitable « moi, vous savez, la science... », sur le ton exact du renard abandonnant aux goujats les raisins jugés trop verts. Si la culture c'est « ce qu'on n'a pas vu, pas lu, mais dont on a entendu causer » (Cavanna) et dont on cause donc, on remarquera qu'à l'heure de l'apéritif, tout un chacun suivant son milieu parlera sport ou voiture, cinéma ou politique, peinture ou littérature — pas chimie ou mathématiques.

D'ailleurs, et pour passer de la culture à ceux qui la produisent, il est notable que l'activité scientifique, contrairement à la création culturelle, ne débouche sur la reconnaissance publique que par tout ou rien. Pour être rendu visible, le chercheur doit être revêtu des atours archaïques du savant. Pas d'issue assurée hors de l'anonymat que la consécration ultime — sinon la transfiguration mythique : le Nobel même ne suffit guère, il faut devenir Einstein ou Marie Curie pour marquer l'imaginaire collectif. Et à une échelle plus modeste, les médias se contentent de créer puis d'exploiter la notoriété d'une douzaine au plus de scientifiques de service, censés à eux seuls représenter les dizaines de milliers de scientifiques professionnels. À qui douterait de la validité de ce constat, il suffit d'un rapide micro-trottoir pour vérifier que l'homme de la rue peut citer spontanément 10 à 100 fois plus de noms d'acteurs, de chanteurs, d'animateurs-télé, que de chercheurs.

On a proposé d'interpréter cette scission comme un dédoublement de la culture, qui serait désormais divisée entre une figure classique, littéraire et artistique, et une figure moderne, scientifique et technique ; c'est la thèse des deux cultures avan-

It has been suggested that this divide should be interpreted as a rift within culture, which is now split between a classical, literary, artistic form and a modern, scientific, technical one; this is the "two cultures" thesis advanced by C.P. Snow in 1959[19] and widely discussed within the Anglo-Saxon world ever since. Admittedly, those subscribing to this view generally deplore the situation and call for a new syncretism to reconcile these two opposing cultures. Others rightly point out that the two faces of a Janus head can neither gaze upon each other nor enter into dialogue, that the one looks backwards and the other forwards. They conclude that it is time for the old to give way to the new and that contemporary culture should therefore recognize the pre-eminence of science and accept it as its driving force. But for one or other of these views to gain acceptance, the hypothesis they share — namely that there exists another, scientific culture — would have to be well-founded.

Yet nothing is less sure. There is culture only where a living tradition is shared. A culture is a whole network of representations, attitudes and references that nourish society, unequally no doubt, but throughout its body. Now, starting out from the most rudimentary level of culture, the level of "what remains when you have forgotten everything" (or learnt nothing), there is no symmetry whatever between — even the vaguest — recollections everyone associates with the expressions "Shakespeare", "1066" or Cubism on the one hand, and "derivative", "Wegener" and "DNA" on the other. But, most importantly, even within its own realm science does not function, or no longer functions, as a culture. With a few exceptions, every poet, painter or composer is a cultured individual. Whether they are pioneers or followers, they are aware of the genealogy of their creative project and know the place their work occupies among other works, past or present. Today's physicists, biologists or chemists, by contrast, have only a recent past; they know only the immediate antecedents of their own work and closely related projects. One only has to peruse the specialized scientific literature to see that

19. For a recent, expanded edition, see SNOW C.P. *The Two Cultures*. Cambridge: Cambridge University Press, 1993.

cée par C.P. Snow en 1959 [18], et largement discutée depuis dans le monde anglo-saxon. Les tenants d'une telle conception certes déplorent en général la situation et appellent de leurs vœux un nouveau syncrétisme qui réconcilierait ces deux cultures opposées. D'autres font justement remarquer que les deux faces d'un Janus ne peuvent ni se contempler ni dialoguer, que l'une regarde vers l'arrière et l'autre vers l'avant. Ils concluent qu'il est temps pour l'ancien de céder la place au nouveau : que la culture contemporaine reconnaisse donc la prééminence de la science et l'accepte comme son moteur même. Mais, pour que l'une ou l'autre de ces perspectives s'impose, encore faudrait-il que soit fondée leur hypothèse commune — à savoir, l'existence effective d'une autre culture, scientifique.

Cependant, rien n'est moins évident. Il n'y a culture que par le partage d'une tradition vivante. Une culture, c'est tout un réseau de représentations, d'attitudes, de références qui irrigue le corps social — inégalement certes, mais globalement. Or, dès le niveau le plus rudimentaire de la culture, celui de « ce qui reste quand on a tout oublié » (ou rien appris), disparaît toute symétrie entre les réminiscences, même les plus vagues, associées pour tout un chacun aux expressions « Shakespeare », « 1789 » ou « cubisme » d'une part, « dérivée », « Wegener » ou « ADN » de l'autre. Mais surtout, en son propre sein déjà, la science ne fonctionne pas — ne fonctionne plus — comme une culture. Sauf exceptions, tout poète, peintre ou compositeur est homme de culture. Suiviste ou révolutionnaire, il connaît la généalogie de son projet créateur et sait la place de son œuvre parmi les autres, contemporaines et anciennes. À l'opposé, le physicien, biologiste ou chimiste d'aujourd'hui n'a de passé que récent ; il ne connaît que les antécédents immédiats et les proches voisins de ses propres travaux. Il suffit de parcourir la littérature scientifique spécialisée pour vérifier que les bibliographies des articles publiés dans les revues primaires de physique, biologie, informatique, etc., ne renvoient au mieux qu'aux cinq dernières années. D'ailleurs, la formation professionnelle

18. Pour une édition récente et enrichie, voir SNOW Charles Percy. *The Two Cultures*. Cambridge (Mass.) : Cambridge University Press, 1993.

the bibliographies of the articles published in the primary journals of physics, biology and information sciences go back at most to the last five years. Moreover, there is no place in the professional training of young researchers for the — even recent — history of their disciplines. Can we imagine young philosophers, artists or musicians who would not have been exposed as part of their education to thorough historical study? The relentless onward rush of scientific research excludes the attentive patience any process of acculturation requires. This headlong flight inhibits the constant reference to the past that is indispensable to the emergence of a tradition and the formulation of a perspective.

For modern science this forgetting of history is not merely a fact, but a value, to which even some of its best exegetes have subscribed. In the early 20th century, the philosopher of science A.N. Whitehead openly and unhesitatingly proclaimed this thesis, repeated many times since, arguing that: "A science which hesitates to forget its founders is lost."[20] And the myth of modernity appears still to have as strong a hold as ever in the scientific field, even though it seems seriously weakened in literature, the plastic arts and music, not to mention politics. This may very well be a specific trait of current science, without which — Whitehead is probably right on this — it would have ceased to progress. So we should perhaps avoid over-hasty judgements: to acknowledge this constitutive amnesia, to recognize this extended adolescence of science does not amount to disqualifying it as a social activity or spurning its intellectual contribution. It is by other criteria, ethical or aesthetic, that we shall leave its value to be judged. But we may, nonetheless, doubt whether this absence of memory is really a universal, intrinsic characteristic of scientific activity. It seems, rather, that, for the greater part of the recent history of science (the 17th, 18th and 19th centuries) its greatest innovators were excellent students of the past history of their disciplines and were actively inspired by it. And we may indeed wonder, from various signs, still admittedly few and far between, whether a fruitful interest in the past is not

---

20. WHITEHEAD Alfred North. *The Organisation of Thought*. London: Williams & Norgate, 1917.

des jeunes chercheurs ne fait aucune place à l'histoire, même récente, de leur discipline : imagine-t-on un jeune philosophe, artiste, musicien, que ses études n'exposeraient pas à un enseignement historique approfondi ? L'urgente continuité de la recherche scientifique interdit la patience attentive qu'exige toute acculturation. Sa frénétique fuite en avant inhibe la permanente référence au passé, indispensable à l'émergence d'une tradition, comme à la formulation d'une perspective.

Cet oubli de l'histoire pour la science moderne n'est pas seulement un fait, mais une valeur, revendiquée même par certains de ses meilleurs exégètes. Au début du XXe siècle, le philosophe des sciences A.N. Whitehead n'a pas hésité à ouvertement proclamer cette thèse, souvent reprise depuis lors : « Une science qui hésite à oublier ses fondateurs est perdue [19]. » Et l'emprise du mythe de la modernité semble toujours aussi forte dans le domaine scientifique, lors même qu'il paraît sérieusement ébranlé dans les domaines littéraire, plastique et musical — voire politique. Sans doute y a-t-il là un trait spécifique de la science actuelle, faute duquel Whitehead a probablement raison, elle aurait cessé de progresser. Aussi bien convient-il d'éviter des jugements trop rapides : admettre cette amnésie constitutive, reconnaître cette adolescence prolongée de la science ne revient pas pour autant à la disqualifier comme activité sociale ou à mépriser sa contribution intellectuelle. C'est à d'autres critères, éthiques ou esthétiques, qu'on renverra le débat sur sa valeur. Mais il est permis de douter que cette absence de mémoire soit bien une caractéristique universelle et intrinsèque de l'activité scientifique. Il semble au contraire que, durant la plus grande partie de l'histoire récente de la science (les XVIIe, XVIIIe et XIXe siècles), ses plus grands innovateurs aient été d'excellents connaisseurs du passé de leur discipline et s'en soient activement inspirés. On peut d'ailleurs se demander, à divers signes, encore discrets certes, si l'intérêt fécond pour le passé n'est pas amené à retrouver une certaine actualité.

---

19. WHITEHEAD Alfred North. *The Organisation of Thought*. Londres : Williams & Norgate, 1917.

due for a return to fashion. Science, then, is no longer *in* culture. Even less has it become another culture. The problem of the relations between science and culture appears, then, much more serious than the problem of an unhappy alternative: we are faced not with the banal question "science or culture", but with the crucial question of an absence and we must ask, rather, "where in science *is* the culture?"

Sciences: the Hard and the Gentle?

We must further acknowledge that in the foregoing analyses we unashamedly employed the term "science" in its commonest meaning, the meaning it assumes when used without any qualifier, which refers implicitly to the mathematical, physical, chemical and biological — the so-called "hard" — sciences. How is it, then, with the others, those we call the "soft", but might just as well term the "gentle" sciences?

The sciences of man and society certainly do not come within the scope of such a radical critique. It has, indeed, been suggested that we regard them as the expression of a "third culture".[21] There are, however, some — in the "hard" sciences — who reject this very question, contending that the claims to scientificity of sociology, ethnology, psychology and economics are quite simply unjustified and that the notion of human and social sciences is merely an attempt to usurp the name of science. We shall not go into the complex epistemological debate on the nature and pertinence of the criteria for scientificity here. Let us simply note that the philosophy of science has in the 20th century consisted mainly in a gradual refinement and weakening of those criteria. For the hypothetico-deductive methodological canons of positivism, Popper substituted the negative test of refutability,[22] Lakatos added the contingent dimension of col-

---

21. LEPENIES Wolf. "The Three Cultures: Sociology between Science and Literature". *American Historical Review*, no. 95-5, December 1990, pp. 1491-1493.

22. Among his other works, see POPPER Karl. *The Logic of Scientific Discovery*. London: Hutchinson, 1959.

La science donc n'est plus *dans* la culture. Encore moins est-elle devenue une autre culture. Le problème des rapports entre science et culture apparaît donc comme bien plus sérieux que celui d'une alternative malheureuse. À la question banale du choix (la science ou la culture ?), un léger saupoudrage de ponctuation permet de substituer l'interrogation cruciale du manque (la science : où la culture ?).

Sciences : les dures et les douces ?

Encore faut-il donner acte que, dans les analyses qui précèdent, nous avons sans vergogne utilisé le mot « science » dans son sens le plus commun, celui qu'il prend lorsqu'il est employé sans aucun qualificatif, et qui renvoie implicitement aux sciences mathématiques, physiques, chimiques, biologiques — les sciences dites « dures » (*hard*). Qu'en est-il alors des autres, celles dont le français traduit l'épithète *soft* par « molles » (mais « douces » ferait aussi bien l'affaire...) ?

De fait, les sciences de l'homme et de la société ne tombent certainement pas sous le coup d'une critique aussi radicale. On a d'ailleurs proposé de les considérer comme l'expression d'une « troisième culture [20] ». Certains, du côté des sciences « dures » justement, récusent la question même en arguant que la prétention de la sociologie, de l'ethnologie, de la psychologie, de l'économie, etc., à la scientificité est tout bonnement injustifiée et qu'il n'y a, dans la notion de sciences humaines et sociales, qu'une tentative d'usurpation de titre. Nous n'entrerons pas ici dans le complexe débat épistémologique sur la nature et la pertinence des critères de scientificité. Remarquons simplement que pour l'essentiel, la philosophie des sciences du XXe siècle a consisté en un raffinement et un affaiblissement progressif de ces critères. Aux canons méthodologiques hypothético-déductifs du positivisme, Popper a substitué le test négatif de réfutabilité [21],

20. LEPENIES Wolf. *Les Trois Cultures*. Paris : Maison des sciences de l'homme, 1990.

21. De Karl Popper, voir, entre autres ouvrages, *La Logique de la découverte scientifique*. Paris : Payot, 1935-1973.

lective research programmes;[23] and Feyerabend concluded, with his provocative *Against Method*, that in the making of science, "anything goes".[24] We have necessarily to acknowledge today that it has become impossible to lay down common norms — even within the sciences of nature. The practices of physics, chemistry and biology are so different, and even so divergent now, that their common character as "sciences" derives more from a similar institutional framework and social function than from shared methodological rules. Let us note, in particular, that mathematicity, which for so long was regarded as a requirement and, in any event, as providing a basic level of rigour, remains a feature of physics only, and we must admit that it is more a definitional feature than a proof of superiority. It is, then, difficult to see how the social and human sciences' claim to scientificity could be invalidated on epistemological grounds.

The cultural context of these disciplines is, on the other hand, very different from that of the natural sciences. Their low level of formalization, which certainly has much more to do with the complexity and difficulty of their investigations than with their alleged immaturity, renders their relation to language, and hence to culture, fundamental. The subtlety of the questions tackled by the social and human sciences and their very subject matter mean that they necessarily draw on all the resources of discourse, both by the use of metaphor (it comes as no surprise that it is sometimes misused) and by the reference to foundational myths and the great works of literature. There is indeed a fine line between science and literature here, and some major works belong simultaneously to both realms (those of Lévi-Strauss, for example). Conversely, are not most of the great works of literature contributions to our knowledge of man and society (let us cite merely Balzac, Dickens and Dostoyevsky...)? Hence these disciplines, though late to form and late to be recognized as sciences, have not undergone the cultural alienation we have diagnosed in the case of the classical sciences. And

23. LAKATOS Imre. *Proofs and Refutations. The Logic of Mathematical Discovery*. Cambridge: Cambridge University Press, 1977 (written in 1963-64).

24. FEYERABEND Paul. *Against Method: Outline of an Anarchistic Theory of Knowledge*. London: Verso, 1975, and *Farewell to Reason*. London: Verso, 1987.

Lakatos a ajouté la dimension contingente des programmes de recherche collectifs [22], et Feyerabend a conclu, par sa provocation « contre la méthode », que « tout est bon » pour faire science [23]. Force est de constater aujourd'hui qu'il est devenu impossible d'énoncer des normes communes — au sein des sciences de la nature déjà : les pratiques de la physique, celles de la chimie, celles de la biologie sont si différentes et même désormais divergentes, que leur caractère commun de « sciences » leur vient plus d'un cadre institutionnel et d'une fonction sociale similaires que de règles méthodologiques partagées. Notons en particulier que la mathématicité, longtemps tenue pour une exigence et en tout cas un horizon de rigueur, reste réservée à la physique, dont il faut bien convenir alors qu'elle est plus une dimension définitoire qu'une preuve de supériorité. Aussi ne voit-on plus guère comment la prétention des sciences sociales et humaines à la scientificité pourrait être invalidée sur des critères épistémologiques.

En revanche, le contexte culturel de ces disciplines est bien différent de celui des sciences de la nature. Leur faible niveau de formalisation, qui tient certainement bien plus à la complexité et à la difficulté de leurs questionnements qu'à leur prétendue immaturité, rend fondamental leur rapport à la langue et donc à la culture. La subtilité des questions qu'abordent les sciences sociales et humaines, et leur sujet même rendent indispensable le jeu du discours dans toute sa richesse, tant par l'emploi de la métaphore (et on ne s'étonnera pas qu'elle puisse à l'occasion se faire abusive) que par la référence aux mythes fondateurs ou aux grandes œuvres littéraires. D'ailleurs, la frontière est ici ténue entre science et littérature, et certains travaux majeurs relèvent des deux domaines à la fois (que l'on pense aux ouvrages de Lévi-Strauss par exemple). Réciproquement d'ailleurs, la plupart des grandes œuvres littéraires ne sont-elles pas autant de contributions à nos connaissances sur l'homme et la société (ne citons, parmi tant d'autres, que Balzac, Dickens,

---

22. LAKATOS Imre. *Preuves et réfutations : essai sur la logique de la découverte mathématique*. Paris : Hermann, 1984 (écrit en 1963-1964).

23. FEYERABEND Paul. *Contre la méthode. Pour un anarchisme épistémologique*. Paris : Le Seuil, 1979 ; *Adieu la Raison*. Paris : Le Seuil, 1989.

there is another factor in their case which, if it does not prevent it, at least mitigates the risk of divorce. This is that the questions they raise remain close to ordinary human experience, even if they tackle them with sophisticated and specialized intellectual tools (without which they would not be sciences). Madness, delinquency, work, saving — these are all themes which, it will be agreed, speak more immediately to the common consciousness than quasars, oncogenes or cohomology.

Thus the human sciences, though they too are subject to the temptation of esoterism and to pressure from the powers that be, have to be regarded as part of the solution rather than part of the problem of the relations between science and society. They clearly constitute one of the essential bridges between scientific knowledge and the wider culture. In this regard, specialized disciplines, such as the history of science and the sociology of science have much to offer. And, rather than despising them for their alleged lack of rigour, the specialists in the hard sciences have much to gain from acquiring a better background in these subjects, the better to understand both the public, which they find so difficult to address, and the way their own communities operate. Failing this, we may soon be in danger of having to characterize the duality between these two orders of scientific practice by calling the one the "social and human sciences" and the other the "asocial and inhuman sciences".

A Reality: Technical Culture

The everyday expression "scientific and technical culture" still has a serious deficiency: namely, that it puts science and technology on the same level. Here again, an essential distinction needs to be made. First, from an anthropological point of view, we must reassert that science as an exercise in socially specialized knowledge-production is a relatively recent activity in the history of humanity and one that was inconceivable before the invention of writing. It is, then, at most a few thousand years old. And it is not, in fact, a constant: great civilizations have managed to flourish while developing barely any scientific activity at all (compare Rome and Greece here). Technology, by

Dostoïevski...) ? Ainsi, ces disciplines, bien que tardivement constituées et reconnues comme sciences, n'ont-elles pas connu l'aliénation culturelle que nous avons diagnostiquée pour les sciences classiques. Il est au surplus un autre facteur qui, pour elles, prévient ou, à tout le moins, limite le risque de divorce. C'est que les questions qu'elles posent, même si elles les abordent à l'aide d'outils intellectuels sophistiqués et spécialisés (faute de quoi elles ne seraient pas des sciences), restent proches de l'expérience humaine ordinaire. La folie, la délinquance, le travail, l'épargne — autant de thématiques qui, on en conviendra, parlent plus immédiatement à la conscience commune que les quasars, les oncogènes ou la cohomologie.

Aussi, les sciences sociales et humaines, bien que soumises, elles aussi, à la tentation de l'ésotérisme comme aux pressions des pouvoirs dominants, doivent-elles être considérées comme partie prenante de la solution plus que du problème des rapports entre science et société. Elles constituent de toute évidence l'une des passerelles indispensables entre le savoir scientifique et la culture ambiante. Des disciplines spécialisées, comme l'histoire des sciences et la sociologie des sciences, ne demandent à cet égard qu'à être mises à contribution. Et, plutôt que les mépriser pour leur prétendu manque de rigueur, les spécialistes des sciences dures auraient tout à gagner à acquérir une meilleure culture dans ces matières, tant pour mieux comprendre ce public auquel ils ont tant de mal à s'adresser, que pour mieux connaître le fonctionnement de leurs propres collectivités. Faute de quoi, on risquerait de bientôt devoir caractériser la dualité entre ces deux ordres de la pratique scientifique en opposant au terme de « sciences sociales et humaines » celui de « sciences asociales et inhumaines ».

Une réalité : la culture technique

L'expression courante de « culture scientifique et technique » présente encore un grave défaut, celui de mettre sciences et techniques sur le même plan. Or, ici aussi, une distinction essentielle est de mise. Sur un plan anthropologique d'abord, il faut réaffirmer que la science, en tant qu'activité socialement spécialisée contrast, is consubstantial with the very process of the appearance of the human species and hence goes back several million years. It is an integral part of culture, as is shown by the prehistorians' practice of defining a culture by its tools and artifacts (the Chatelperronian or Mousterian cultures, for example).

The coupling of scientific discoveries with technical innovation comes extremely late in human evolution. The statement by Bacon that "Knowledge is power"[25] and Descartes's project of "mak[ing] ourselves, as it were, masters and possessors of nature"[26] remained purely programmatic, and we have to wait until the 19th century to see science at last feeding into technology on a large scale. The fact that this connection has become an indissoluble one (to the point indeed where technology tends today to impact back upon science) should not mask its radical historical novelty. Unlike science, technology has always been present at the heart of human activity and hence of culture. Countless myths and works of art illustrate humanity's relationship with technical objects: divine blacksmiths (from Hephaistos to Wagner's Mime), epic navigators (from Ulysses to *A Space Odyssey*), heroic constructions (from the Tower of Babel to the Eiffel Tower), symbolic vehicles (from the Trojan horse to the railway engine in Zola's *The Human Beast*) and artificial creatures (from the Golem to Capek's robots)[27] have all stoked the common imagination. And in our day technology has become the very driving force of our cultural representations — film, television, Internet, compact disks and DVDs — and of our social relations (the car, the telephone).

Admittedly, the users are by no means always abreast of the technical processes involved. We may even argue that the commercialization of technical objects promotes impenetrability,

---

25. Francis Bacon's work *The New Atlantis*, published in 1627, describes a society whose welfare derives from the application of scientific knowledge to technical problems, but within the framework of a hierarchical, elitist social organization (a recent edition was published in 1997 by Kessinger of New York).

26. DESCARTES René. *Discourse on Method and Other Writings*. Harmondsworth: Penguin Books, 1968 (Trans. with introduction by F.E. Sutcliffe), p. 74.

27. BRETON Philippe. *À l'image de l'homme*. Paris: Le Seuil, 1995.

de production du savoir, est une pratique relativement récente dans l'histoire de l'humanité, et d'ailleurs impensable avant l'invention de l'écriture — elle a donc au plus quelques milliers d'années. Elle n'est d'ailleurs pas une constante : de grandes civilisations ont pu s'épanouir sans guère développer d'activité scientifique (comparer à cet égard Rome et la Grèce). La technique, en revanche, est consubstantielle du processus même d'apparition de l'espèce humaine et remonte donc à quelques millions d'années. Elle est partie intégrante de la culture, comme le montre bien l'usage des préhistoriens, définissant une culture (châtel-perronnienne ou moustérienne, par exemple) par son outillage et ses artefacts.

Le couplage entre découvertes scientifiques et innovations techniques est un avatar extrêmement tardif de l'évolution humaine. Les énoncés de Bacon (« La connaissance, c'est le pouvoir ») [24] et Descartes (« Devenir comme maîtres et possesseurs de la nature ») [25] restent purement programmatiques, et il faut attendre le XIXe siècle pour voir enfin la science féconder la technique à grande échelle. Que ce lien soit devenu indissoluble (au point d'ailleurs que la technique tend aujourd'hui à refluer sur la science) ne doit pas masquer sa nouveauté historique radicale. Contrairement à la science, la technique a toujours été présente au cœur de l'activité humaine, et donc de la culture. On ne compte pas les mythes et les œuvres qui mettent en scène le rapport de l'homme aux objets techniques : les forgerons divins (d'Héphaïstos au Mime de Wagner), les navigations épiques (d'Ulysse à *L'Odyssée de l'espace*), les constructions héroïques (de la tour de Babel à celle d'Eiffel), les véhicules symboliques (du cheval de Troie à *La Bête humaine* de Zola), les créatures artificielles (du Golem aux robots de Capek) [26] ont nourri l'imaginaire commun. Et de nos jours, la technique est de-

---

24. L'ouvrage de Francis Bacon, *La Nouvelle Atlantide*, publié en 1627, décrit une société dont le bien-être découle de l'application de la connaissance scientifique aux problèmes techniques — mais dans le cadre d'une organisation sociale hiérarchique et élitiste (une édition récente est disponible chez Flammarion, Paris, 1995).

25. DESCARTES René. *Discours de la méthode*, VI. Paris : Flammarion, 2004 (écrit en 1637).

26. BRETON Philippe. *À l'image de l'homme*. Paris : Le Seuil, 1995.

requiring their accelerated replacement rather than their repair. The fact remains that there is a fundamental dissymetry between our social relation to the technologies and to the sciences. The presence in everyday parlance of so many references to cars, pharmacology, telecommunications and computer science shows this clearly.

If it is the case that we need a better historical, economic and political understanding of technology, the better to control its development, it is certainly less difficult to imagine means for developing active forms of acculturation of technology than is the case with the sciences.

The Isolation of Science

One simple observation reveals the gap between higher-order and common knowledge that marks out science and differentiates it from forms of culture: there are no scientific amateurs. The arts and technologies all have this essential category, the amateur, providing a transitional stage between passive consumer or user and active professional practitioner. Between orchestral musicians and concert-goers there are all those who, with varying degrees of skill, play the piano, the flute or the violin for themselves. Between the electronic engineer and the television viewer, there is a whole range of amateur electronics hobbyists and Internet whizz kids. But in the sciences, particularly the most prestigious of them, a deep gulf separates the researchers in the laboratories from the readers of works of popular science. There are no Sunday microbiologists, no particle physics fans. Just a few lone fields of science offer amateurs scope for activities that are both serious and playful: telescope astronomy, mycology or entomology. But these are, precisely, classical sciences. Precious as the survival and development of these activities may be, their extension to the modern sectors of science is barely conceivable. These individual examples merely make the no-man's-land that separates science from culture all the more troubling.

Conversely, the quark specialists are barely capable of explaining a rainbow, astrophysicists do not generally know how to venue le moteur même de nos représentations culturelles — cinéma, télévision, Internet, disques compacts et DVD —, comme d'ailleurs de nos relations sociales (automobile, téléphone).

Certes, les processus techniques sont loin d'être toujours maîtrisés par les usagers. L'on peut même avancer que la marchandisation des objets techniques les pousse à l'opacité, exigeant leur remplacement accéléré plutôt que leur réparation. Il n'en demeure pas moins qu'il existe une dissymétrie fondamentale dans le rapport social aux techniques et aux sciences. La présence dans le discours commun de tant de références à l'automobile, à la pharmacologie, aux télécommunications, à l'informatique le montre à l'évidence.

Si donc nous manquons d'une meilleure compréhension historique, économique et politique de la technique aux fins de mieux maîtriser son développement, il est certainement moins difficile d'imaginer des moyens d'en développer des formes actives d'acculturation que dans le cas des sciences.

L'isolement de la science

Une constatation simple met en pleine lumière le hiatus entre connaissance de pointe et savoir commun qui caractérise la science et la différencie des formes de la culture : il n'y a pas d'amateurs de science. Les arts et les techniques connaissent tous cette catégorie essentielle des amateurs qui assurent la transition entre les consommateurs ou utilisateurs passifs et les praticiens actifs professionnels. Entre les musiciens d'orchestre et les auditeurs de concerts, il y a tous ceux qui jouent, plus ou moins bien, du piano, de la flûte, du violon, pour eux-mêmes. Entre les ingénieurs en électronique et les spectateurs de télévision, il y a tous les bricoleurs du transistor et les virtuoses d'Internet. Mais dans les sciences, et surtout les plus prestigieuses, c'est un profond fossé qui sépare les chercheurs de laboratoire des lecteurs de vulgarisation. Il n'existe pas de microbiologistes du dimanche, pas de fans de la physique des particules. Quelques domaines, seuls, offrent aux amateurs un champ d'activités à la fois sérieuses et ludiques : l'astronomie d'obserrecognize the visible stars and planets, and biologists are very mediocre naturalists. Yet after all, as long as they do their specialised work properly, is this so serious? For them it is not. Not immediately, at least. Doubtless science can no longer advance any other way, or cannot yet do so. But this is the point: isn't it advancing too quickly? The danger lies in the rapidly growing gap that is developing between common and scientific knowledge. We are not dealing here with differences in nature between these forms of knowledge: whether we speak of the weather in terms of popular sayings or high pressure fronts, whether we call in aid Saint Swithin or isotherms,[28] that heterogeneity could actually be said to be quite fruitful — if we allowed these discourses to interact and confront each other. So long as we are talking about the same thing, it's entertaining to be able to speak about it in different ways. But the drama lies in the divergence of knowledge objectives, in the separation between the objects of science and those of everyday life: to what common experience can the public discourse of popularized science on quarks, black holes, DNA or clones be related? There is no cultural role for science today, no tradition to be shared. Science no longer has any traditions and, at any rate, could no longer share them, being now too isolated, as regards both the time and the space of its knowledge.

The field of classical science, where scientific experimentation rubbed up against the everyday world and its practices — the world of simple machines, elementary electricity and visible natural phenomena — is too deserted today. Beneath this level, we have the vast majority of humanity, condemned to a passive, empirical face-off with everyday technology and immediate nature. Beyond it are the researchers, embarked on remote, divergent paths, pursuing invisible objects and esoteric notions with the aid of sophisticated instruments. Between the two there is uncertain, brittle communication, requiring so many intermediate stages that mix-ups and confusions inevitably occur. How can you explain Einstein's relativity to the man in the

28. A popular rhyme has it that "St Swithin's Day, if it does rain/Full forty days, it will remain".

vation, la mycologie ou l'entomologie. Mais ce sont, précisément, des sciences classiques. Aussi précieux que soient la survie et le développement de ces activités, leur extension aux secteurs modernes de la science ne peut guère être envisagée. Ces cas d'espèce ne font que rendre plus inquiétant le *no man's land* qui sépare science et culture.

Inversement, les spécialistes des quarks ne connaissent guère l'explication de l'arc-en-ciel, les astrophysiciens ne savent en général pas reconnaître les étoiles et planètes visibles, les biologistes sont de piètres naturalistes. Mais, après tout, tant qu'ils font correctement leur travail de spécialistes, est-ce si grave ? Pour eux, non. Pas tout de suite, au moins. La science ne peut sans doute plus, ou pas encore, avancer autrement. Mais justement : n'avance-t-elle pas trop vite ? Le danger est celui du fossé qui s'élargit à grande vitesse entre connaissance commune et connaissance scientifique. Il ne s'agit pas ici des différences de nature entre ces formes de connaissance : que l'on parle de la pluie et du beau temps à l'aide de dictons populaires ou de hautes pressions, que l'on évoque saint Médard ou les millibars, cette hétérogénéité serait plutôt féconde — si l'on acceptait l'interaction et la confrontation des discours. Tant que l'on parle de la même chose, il est réjouissant de pouvoir en parler diversement. Mais le drame réside dans la divergence des objectifs de connaissance, dans la séparation entre les objets de la science et ceux de la vie quotidienne : à quelle expérience commune peuvent être rapportés les discours publics de la science vulgarisée sur les quarks, les trous noirs, l'ADN ou les clones ? Il n'y a pas aujourd'hui pour la science de rôle culturel, de tradition à partager — elle n'a plus de traditions et, de toute façon, ne pourrait plus les partager, trop isolée désormais, et dans le temps et dans l'espace du savoir.

Le domaine de la science classique, où se confrontaient la pratique courante du monde quotidien — celui des machines simples, de l'électricité élémentaire, comme des phénomènes naturels visibles — et l'expérimentation scientifique, est aujourd'hui trop déserté. En deçà : la vaste majorité de l'humanité condamnée à un face-à-face empirique et passif avec la technique quotidienne et la nature immédiate. Au-delà : les cherstreet when many physicists have barely even mastered Galilean relativity? How can you explain the subtleties of quantum non-locality when the classical notion of action at a distance mediated by a field has not been assimilated? How can you convey the findings of modern genetics when simple Mendelian theory is so little understood?

Lay People and Experts

It would be hasty, however, to conclude that the lay public is wholly incapable where science is concerned.There have, admittedly, been many surveys devoted to an assessment of the scientific culture of our fellow citizens in recent decades, with rather pessimistic conclusions as to their average capacities. But there is a paradox here. Every active member of a techno-scientific society such as ours comes to develop a high level of many-sided expertise. Most citizens have various, extremely complex skills which often draw on very elaborate, highly technical knowledge — car driving, cooking, do-it-yourself, dressmaking, home economics and many modern sports, not to mention social intercourse, offer any number of examples. And these skills call for a contextual mastery and a breadth of vision that are often superior to those required by scientific knowledge, the very pinpoint nature of which often derives from the possibility of isolating and restricting its field. Conversely, if non-scientists are not universal non-experts, neither are scientists universal experts. We must, in fact, reiterate that scientific ignorance affects professional scientists as much as non-scientists. In the current state of ultra-specialization, the level of ignorance about a particular field is virtually as great within the scientific community, most of whose members work in other fields, as it is among lay people. An expert in a particular field is a non-expert in almost every other, and hence finds himself not far removed from the position of the absolute lay person in terms of general scientific culture.

If we are to evaluate the level of the scientific competence of lay people seriously, we should not forget that scientific knowledge is, like any other, instrinsically contextual and that the sigcheurs lancés sur des pistes lointaines et divergentes, poursuivant d'invisibles objets, d'ésotériques notions, à l'aide d'instruments sophistiqués. Entre les deux : des communications incertaines et fragiles, nécessitant de si nombreux relais que s'introduisent nécessairement brouillages et confusions. Comment expliquer à l'homme de la rue la relativité einsteinienne, alors que la relativité galiléenne même n'est pas maîtrisée de beaucoup de physiciens ? Comment faire comprendre les subtilités de la non-localité quantique alors que la notion classique d'action à distance médiatisée par un champ n'est pas assimilée ? Comment transmettre les acquis de la génétique moderne alors que la simple théorie mendélienne est si peu comprise ?

Profanes et experts

Il serait pourtant hâtif d'en conclure à une inaptitude absolue du public profane en matière de science. Certes, de nombreuses enquêtes ont été consacrées au cours des dernières décennies à une évaluation de la culture scientifique de nos concitoyens, avec des conclusions plutôt pessimistes quant à son niveau moyen. Mais il y a là un paradoxe. Car tout membre actif d'une société technoscientifique comme la nôtre est amené à développer un niveau d'expertise élevé et multiple. La plupart des citoyens ont diverses compétences fort complexes, qui font souvent appel à des connaissances très élaborées et hautement technicisées — la conduite automobile, la cuisine, le bricolage, la couture, l'économie domestique, de nombreux sports modernes, sans parler des relations sociales, offrent des exemples à foison. Et ces compétences requièrent une maîtrise contextuelle et une largeur de vue souvent supérieures à celles qu'exigent les connaissances scientifiques — dont l'acuité même vient souvent de la possibilité d'en isoler et restreindre le champ. À l'inverse, si les non-scientifiques ne sont pas des non-experts universels, les scientifiques ne sont pas davantage des experts universels. Il faut en effet réaffirmer que l'inculture scientifique affecte aussi bien les scientifiques professionnels que les non-scientifiques. Dans l'état actuel d'ultraspécialisation de la recherche, le niveau d'ignorance concernant un domaine particulier est pratiquement aussi élevé nificance of a question cannot be appreciated in the abstract. Now, in our day more than ever the context of a scientific problem is essentially social. A given question, such as "What is the cause of AIDS?", may have very different meanings and admit of different valid answers depending on whether it is raised in a scientific congress, a medical consultation, a political debate or a theological discussion. This contextual and social nature of scientific knowledge is entirely lost in the decontextualized, individual questioning of simplistic opinion polls, which cannot therefore provide a reliable, pertinent evaluation of public scientific knowledge. And too often it is also something the scientists themselves fail to grasp.

It is frequently said that lay people need to acquire the requisite scientific knowledge to discuss and decide upon technoscientific problems relating to energy, health or defence matters, etc. Much more seldom do we hear mention of the symmetrical need for the technoscience professionals (scientific researchers, engineers) to acquire the social and political knowledge to enable them to understand the nature of their own work and the impact of their discoveries. Scientists should acknowledge the gaps in their own culture before attempting to evaluate and correct the gaps in the culture of lay people. To our studies and activities aimed at promoting a better knowledge of science among the public, it is high time we added studies and activities aimed at promoting a better knowledge of the public among scientists. And, going deeper, the whole training of scientists needs to be rethought to integrate into it the rudiments of history, philosophy, sociology and the economics of science that are now essential to scientific work itself. Indeed, it is the very possibility of pursuing scientific activity that might soon be endangered by the persistence of this cultural deficiency. And this for at least two reasons. On the one hand, the narrowly specialized professional training of researchers threatens them with sudden, grave crises of skills loss when thoroughgoing changes occur in the methods and objectives of their disciplines; only a sufficiently broad cultural base in their science can forearm them against such developments. On the other hand, there is a danger that the support, or merely the tolerance, which scientific research demands from society — if only for its funding and dans la collectivité scientifique, dont la plupart des membres travaillent dans d'autres domaines, que parmi les profanes. Un expert dans un certain champ est un non-expert dans presque tous les autres, et se trouve donc fort proche du profane total du point de vue de la culture scientifique générale.

Pour évaluer sérieusement le niveau des compétences scientifiques des profanes, il ne faut pas oublier que le savoir scientifique (comme tout autre) est intrinsèquement contextuel, et que la signification d'une question ne peut être appréciée dans l'abstrait. Or, et de nos jours plus que jamais, le contexte d'un problème scientifique est essentiellement social. Une question donnée, « Quelle est la cause du sida ? » par exemple, peut avoir des sens très différents et admettre diverses réponses valides suivant qu'elle est posée dans un congrès scientifique, une consultation médicale, un débat politique ou une discussion théologique. Cette nature contextuelle et sociale de la connaissance scientifique échappe complètement au questionnement hors situation et individuel de trop simplistes sondages d'opinion, qui ne sauraient donc fournir une évaluation fiable et pertinente de la culture scientifique publique. Elle échappe aussi trop souvent à la conscience des scientifiques eux-mêmes.

On invoque fréquemment la nécessité pour les profanes d'acquérir les connaissances scientifiques indispensables qui leur permettraient de discuter et trancher les problèmes technoscientifiques, en matière d'énergie, de santé, de défense, etc. Il est beaucoup plus rare d'entendre mentionner la nécessité symétrique pour les professionnels de la technoscience (chercheurs, ingénieurs) d'acquérir les connaissances sociales et politiques indispensables pour leur permettre de comprendre la nature de leurs propres travaux et les incidences de leurs découvertes. Les scientifiques devraient donner acte de leurs propres lacunes culturelles avant de vouloir évaluer et corriger celles des profanes. Il est grand temps d'ajouter à nos études et activités visant à une meilleure connaissance de la science par le public, des études et activités visant à une meilleure connaissance du public par les scientifiques. Et, plus profondément encore, c'est toute la formation des scientifiques qui doit être repensée pour y intégrer les éléments d'histoire, de philosophie, de sociologie, recruitment — will one day not be forthcoming if the current penchant for esoteric and unthinking headlong progress is maintained.

Reintegrating Science into Culture?

Conversely, must culture abandon all hope where science is concerned? Can it not at least hope for some contributions of a general order? Are there not elements in contemporary scientific discoveries that are capable of enriching cultural activity at both the aesthetic and the philosophical levels? Shouldn't scientific innovation modify our conception of the world in one way or another? Can we allow the exuberance and vibrancy of certain debates in physics or biology to be the sole preserve of the initiated? Surely not. Any intellectual issue of importance necessarily extends beyond its particular discipline, and discussion cannot be confined solely to the experts.

However, the dangers that threaten both the desirability and usefulness of the public extension of scientific debates are extreme. The most immediate is the danger of trivialization by excessive generalization. A new theory, whose concepts have a validity limited to a precise field of reality, suddenly finds itself elevated to universal status. From being a — necessarily particular — explanation, it is reduced to an — allegedly general — description. Of its ideas, emptied of their meaning by the abandonment of their conditions of applicability, only the words remain. Its very extension robs the theory of its meaning and force, like a river in spate which loses direction and vigour when it overflows its banks and pours out into the endless plain. The mighty stream becomes a swamp. Systems theory, a particular branch of automatics, catastrophe theory a precise field of mathematical analysis, and ecological theory, a specific discipline in the natural sciences, have all been promoted in this way to the role of world-views. These intellectual "oil slicks" are perhaps less dangerous for their minor corrosive effects on certain delicate ideas than for the viscosity of the thick layer of obscure banality with which they cover all analysis.

d'économie des sciences désormais indispensables au travail scientifique lui-même. D'ailleurs, c'est la possibilité même de poursuivre l'activité scientifique qui serait bientôt mise en danger par la persistance de ce manque culturel, pour deux raisons au moins. D'une part, la formation professionnelle étroitement spécialisée des chercheurs les menace de crises d'incompétence subites et graves en cas de mutations profondes dans les méthodes et les objectifs de leur discipline ; seule une assise culturelle assez large dans leur science peut les en prémunir. D'autre part, le soutien, ou simplement la tolérance, que la recherche scientifique exige du corps social, ne serait-ce que pour son financement et son recrutement, risque de faire un jour défaut si persiste le penchant actuel à l'ésotérisme et à la fuite en avant.

Réintégrer la science dans la culture ?

Réciproquement, la culture doit-elle abandonner tout espoir du côté de la science ? Ne peut-elle au moins en attendre quelques contributions d'ordre général ? N'y a-t-il pas, dans les découvertes scientifiques contemporaines, des composantes capables de féconder le terreau culturel, sur le plan de l'esthétique comme sur celui de la philosophie ? L'innovation scientifique ne devrait-elle pas modifier, d'une façon ou d'une autre, notre conception du monde ? Peut-on accepter que la richesse et l'excitation de certains débats d'idées, en physique ou en biologie, soient réservées aux initiés ? Certes non. Tout enjeu intellectuel d'importance déborde nécessairement le cadre de sa discipline et la discussion ne saurait être limitée aux experts.

Cependant, les dangers sont extrêmes qui menacent et l'intérêt et l'utilité de l'extension publique des débats scientifiques. Le plus immédiat est celui de la trivialité par excès de généralité. Une théorie nouvelle, dont les concepts ont une validité limitée à un domaine précis du réel, se voit soudain promue en discours universel. D'explication, nécessairement particulière, elle devient simple description, prétendument globale. De ses notions, vidées de leur signification par l'abandon des contrôles de pertinence, il ne reste plus que les mots. Son extension même fait perdre son sens et sa force à la théorie, comme une rivière

A second danger is aberration by excessive extrapolation. The short-circuit between certain fantasies (e.g. thought transmission) or prejudices (e.g. racial inequality) and scientific questions that are still unresolved (e.g. quantum non-locality, the mechanisms of species differentiation) makes it possible to abandon the safeguards of critical thought and, by arguing from scientific authority, to put rationality in the service of the irrational.

And yet we cannot, for all that, reject every attempt at confrontation and exchange between scientific knowledge, philosophical thinking and artistic creation. In this connection, the recent "science wars" declared by certain specialists in the natural sciences on their colleagues in the social and human sciences over what they see as unwarranted references and terminological borrowings had more to do with the defence of their private preserve and with argument from authority than with an open, in-depth dialogue.[29] That physicists should ridicule sociologists and biologists show scorn for psychologists reveals precisely the generalized absence of a culture that would enable the former to understand the higher-order complexity of the tasks that face the latter. It is the very essence of the human and social sciences to maintain a relationship with language and, more broadly, with culture which is far more subtle than the manipulation of symbols and systems that too often reduces the sciences — one is tempted at such moments to dub them the inhuman and asocial sciences — to the rank of mere instrumental techniques. If we are within our rights to ask of economists, anthropologists and linguists a certain vigilance in their — often metaphorical — recourse to notions and terms from mathematics, physics or biology, a reciprocal requirement should induce in the "hard" sciences a greater respect for, and modesty towards, the "gentle" sciences.[30]

---

29. The main vehicle for this attack was SOKAL Alan and BRICMONT Jean. *Intellectual Impostures*. London: Profile Books, 1999. A collective refutation was published in "Impostures scientifiques". *Alliage*, no. 35-36, 1998.

30. For an in-depth study of the possibilities for, and difficulties of, transferring concepts between different fields, see STENGERS Isabelle (ed.). *D'une science à l'autre : des concepts nomades*. Paris: Le Seuil, 1987.

en crue perd sa direction et sa vigueur lorsqu'elle déborde de son lit pour s'étaler dans la plaine infinie. Le fleuve devient marécage. La théorie des systèmes, branche particulière de l'automatique, la théorie des catastrophes, domaine précis de l'analyse mathématique, la théorie écologique, discipline spécifique des sciences de la nature, ont été ainsi promues au rôle de conceptions du monde. Peut-être ces marées noires de la pensée sont-elles moins dangereuses par leurs quelques effets corrosifs sur certaines idées délicates, que par la viscosité de l'épaisse couche de banalité obscure dont elles recouvrent toute analyse.

Un deuxième danger est celui de l'aberration par abus d'extrapolation. Le court-circuit entre certains fantasmes (la transmission de pensée) ou préjugés (l'inégalité raciale) et des questions scientifiques qui restent ouvertes (la non-localité quantique, les mécanismes de la différenciation des espèces) permet d'éluder les contrôles de la pensée critique et, grâce à l'argument d'autorité scientifique, de mettre la rationalité au service de l'irrationnel.

On ne saurait pour autant rejeter toute tentative de confrontation et d'échange entre connaissance scientifique, pensée philosophique et création artistique. À cet égard, la récente « guerre des sciences », déclarée par certains spécialistes des sciences de la nature à leurs collègues des sciences sociales et humaines, à propos de références et d'emprunts terminologiques qu'ils estimaient abusifs, a plus relevé de la défense de leur pré carré et de l'argument d'autorité que d'un dialogue ouvert et approfondi [27]. Que des physiciens tournent en ridicule des sociologues, que des biologistes témoignent de leur mépris pour des psychologues, montre précisément l'absence généralisée d'une culture qui mettrait les premiers à même de comprendre la complexité supérieure des tâches des seconds. C'est l'essence même des sciences humaines et sociales que d'entretenir avec la langue, et plus largement avec la culture, un rapport autrement plus subtil que la manipulation de symboles et d'appareils qui

27. En France, cette attaque s'est exprimée essentiellement dans le livre de SOKAL Alan et BRICMONT Jean. *Impostures intellectuelles*. Paris : Odile Jacob, 1997. Une réfutation collective en a été publiée dans « Impostures scientifiques ». *Alliage*, n° 35-36, 1998.

There is yet a third risk to which the cultural integration of scientific advances is subject: the illusion of the intellectual autonomy of the sciences. Virtually all the great questions that have prompted internal epistemological reflexion on the part of scientists merely echo major, universal philosophical and metaphysical problems. Both the quarrel over the random and the determined in quantum physics and the controversy over the innate and the acquired in biology are particular, current manifestations of controversies that are as ancient as they are essential. Of course, the specification and concretization of such questions within a precise discipline and within a controlled conceptual framework are of immense interest and their importance in the general debate cannot be underestimated. And yet we have to understand that science is merely a conduit here, not an origin. So, the greatest vigilance is in order when a specialized discourse is brought to bear on a universal problem. We have to distinguish — as far as possible — between the new contribution, the original form the question has received from its particular incarnation and the mere reprise, perhaps with a renewed vocabulary, of earlier philosophical positions. To take the major example of the epistemological commentaries to which the quantum theory gave rise among its founders themselves, we cannot read Bohr without hearing undertones of Kierkegaard; Heisenberg without glimpsing Plato; or de Broglie without finding echoes of the work of Descartes.[31] The fact that science does not belong to culture does not prevent it from being subject to it. Its contributions are so many responses to questions raised there and can be appreciated only if we understand the underlying issues. There is a crucial point here: vigilance in respect of the illusions of an autonomous scientific thought greatly limits the other risks enumerated here. The dangers of trivialization and aberration are generated by smuggling intellectual merchandise of inferior quality into the sciences and passing it off as a local, original creation — like those seven-branched candelabras you find in Israel which, when turned upside down, have "made in Hong Kong" stamped on them.

---

31. These influences were studied in detail by Ludwig Feuer in his *Einstein and the Generations of Science*. New York: Basic Books, 1974.

rabat trop souvent les sciences, que l'on est alors tenté d'appeler inhumaines et asociales, au rang de simples techniques instrumentales. Si l'on est en droit de demander aux économistes, anthropologues, linguistes une certaine vigilance dans leur recours, souvent métaphorique, à des notions et termes mathématiques, ou physiques, ou biologiques, une exigence réciproque doit amener les sciences « dures » à plus de respect et de modestie devant les sciences « douces » [28].

Un troisième risque pèse encore sur l'intégration culturelle des avancées scientifiques : l'illusion de l'autonomie intellectuelle des sciences. Pratiquement toutes les grandes questions qui ont mobilisé la réflexion épistémologique interne des scientifiques, ne sont que l'écho de problèmes philosophiques et métaphysiques majeurs et universels. Aussi bien la querelle du déterminé et de l'aléatoire, en physique quantique, que la controverse de l'inné et de l'acquis, en biologie, sont des avatars particuliers et actuels de controverses aussi anciennes qu'essentielles. Bien entendu, la spécification et la concrétisation de telles questions au sein d'une discipline précise et dans un cadre conceptuel contrôlé sont d'un immense intérêt, et leur importance dans le débat général ne saurait être sous-estimée. Encore faut-il bien comprendre que la science n'est ici qu'un passage et non une origine. Aussi, la plus grande attention est-elle de mise à l'égard du discours spécialisé quand il traite d'un problème universel. Il convient de distinguer — autant que faire se peut — entre la contribution nouvelle, la forme originale que la question a reçue de son incarnation particulière, et la simple reprise, avec un vocabulaire peut-être renouvelé, de positions philosophiques antérieures. Pour prendre l'exemple majeur des commentaires épistémologiques que la théorie quantique a suscités chez ses fondateurs mêmes, entre les lignes de Bohr on doit lire Kierkegaard, derrière Heisenberg apercevoir Platon, chez de Broglie entendre Descartes [29]. Que la science n'appartienne pas à la culture ne l'empêche pas de lui

28. Pour une étude approfondie des possibilités et difficultés du transfert de notions entre domaines différents, voir STENGERS Isabelle (sous la dir. de). *D'une science à l'autre : des concepts nomades*. Paris : Le Seuil, 1987.

29. Ces influences ont été étudiées en détail par Ludwig Feuer dans *Einstein et le conflit des générations*. Bruxelles : Complexe, 1979.

If, for a resumption of productive relations between science and culture, unremitting critical vigilance is currently required, that is still not a sufficient condition. Science has also to make room within itself for its own culture, since there is an intimate connection betweeen the cultural void within science and its exploitation in the service of authority or obscurity. If those two *frères ennemis*, scientism and irrationalism, are prospering today, this is because science without culture can with equal ease become a cult or become occult. It is encouraging, in this connection, to see a broadening of the time-consciousness of scientific activity. Its narrow contemporary focus seems to be giving way to a more extended historical awareness, at least in certain fields. In current physics, the powerful revival of theoretical mechanics, fluid dynamics and thermodynamics signals the end of a certain modernity. Particle physics or cosmic megaphysics are no longer the only prestige research fields. A new physics of the human-scale world is reconnecting directly with the traditions of the 19th century, which we have too long viewed as outmoded. In the life sciences, field studies of animal behaviour and research on ecosystems are breaking with the hitherto dominant orientations of molecular biology and can once again rejoice in the title, which for a time fell into disuse, of natural sciences.

These new directions in research will assume their full importance from the point of view of culture only insofar as they are able to have a rapid influence on the dissemination of scientific knowledge. Both the contents and methods of education and those of information need completely revising. It would be paradoxical if schools, the media or museums were to continue to present such a distant image of science just at the point when science is moving nearer to home. Do we really have to accept that in newspaper articles, television programmes, school curricula and museum exhibits the emphasis continues to be so unilaterally on quarks or DNA when physicists are rediscovering an interest in snowflakes,[32] heaps of

32. LIBBRECHT Kenneth George. *The Little Book of Snowflakes*. Stillwater (Michigan): Voyager Press, 2003. See also the website www.its.caltech.edu/~atomic/snowcrystals.

être soumise. Ses contributions sont des rendus pour autant de prêtés et ne peuvent être appréciées qu'en connaissance des causes qui sont les leurs. Il s'agit ici d'un point crucial : la vigilance à l'égard des illusions d'une pensée scientifique autonome atténue fortement les autres risques dénoncés. Ceux de la trivialité et de l'aberration sont suscités par l'importation en contrebande, dans les domaines scientifiques, de marchandises intellectuelles de piètre qualité, ensuite présentées comme des créations locales et originales — tels ces chandeliers à sept branches que l'on trouve en Israël et sur lesquels, une fois retournés, on lit « *made in Hong Kong* ».

Si l'exercice sans défaillance de la vigilance critique est présentement nécessaire à la reprise de relations fécondes entre la science et la culture, cette condition ne saurait suffire. Il faut également que la science fasse place, en son sein, à sa culture propre ; car le néant culturel intérieur de la science est intimement lié à son exploitation au service de l'autorité ou de l'obscurité. Si ces frères ennemis, le scientisme et l'irrationalisme, prospèrent aujourd'hui, c'est que la science inculte devient culte ou occulte avec la même facilité. Il est encourageant, à cet égard, de constater un élargissement de la temporalité de l'activité scientifique. Son étroite contemporanéité semble faire place à une conscience historique plus étendue, tout au moins dans certains domaines. Dans la physique actuelle, le puissant renouveau de la mécanique théorique, de la dynamique des fluides, comme de la thermodynamique, marque la fin d'une certaine modernité. La microphysique des particules ou la mégaphysique du cosmos ne sont plus les seuls domaines de prestige de la recherche. Une nouvelle physique du monde à notre échelle renoue directement avec les traditions d'un XIXe siècle trop longtemps considéré comme dépassé. Du côté des sciences de la vie, les études sur le terrain du comportement animal, comme les recherches sur les écosystèmes, rompent avec les orientations jusqu'ici dominantes de la biologie moléculaire et peuvent à nouveau se parer du titre, un temps désuet, de sciences naturelles.

Ces nouvelles directions de la recherche ne prendront toute leur importance du point de vue culturel que dans la mesure où elles pourront rapidement influer sur la diffusion des connaissand,[33] bubbles and waves,[34] and biologists in the habits of birds[35] or the ways of the great apes?[36]

An analogy with the history of Western music may cast some light on this question. For a long time, there was only modern music. Until somewhere around the first third of the 19th century, each age played more or less only the music of its own time. The composers and musical styles of the past were consigned to the history books and concert programmes were the exclusive preserve of contemporaries. At the very moment when musicians began to strike out in radically new directions, they felt the need to strengthen their ties with tradition by literally inventing the idea of "classical music". Bach owes his cultural stature to Mendelssohn, who had the courage to include works that were over a century old in his public concerts. Analogies can be misleading and there are good grounds for not pushing this one too far. But here lies one of the urgent tasks that faces us: to invent classical science, making the epithet "classical" denote something appealing and of value, not something obsolete and disregarded.

Sciences, Arts and Letters

And as we are speaking of the recognized forms of culture (music, literature, the plastic arts, etc.), is it still possible for science to reconnect with these?

Let us begin with literature. As has already been said, today's literature makes little room for science, either in its themes or

---

33. GUYON Étienne and TROADEC Jean-Paul. *Du sac de billes au tas de sable*. Paris: Odile Jacob, 1994; DURAN Jacques. *Sables émouvants*. Paris: Belin, 2003.

34. GENNES Pierre-Gilles (de), BROCHARD-WYART Françoise and QUÉRÉ David. *Gouttes, bulles, perles et ondes*. Paris: Belin, 2002.

35. DESPRET Vinciane. *Naissance d'une théorie éthologique : la danse du cratérope écaillé*. Paris: Les Empêcheurs de penser en rond, 1996.

36. There is a plentiful recent literature on the ethology of the great apes. See, for example, LESTEL Dominique. *Paroles de singes. L'impossible dialogue homme-primate*. Paris: La Découverte, 1995; WAAL Frans (de). *The Ape and The Sushi Master.* New York: Basic Books, 2001.

sances scientifiques. Tant les contenus et les méthodes de l'éducation que ceux de l'information sont à revoir complètement. Il serait paradoxal que les écoles, les médias ou les musées continuent à donner une image aussi lointaine de la science au moment où celle-ci s'engage dans un mouvement de rapprochement. Faut-il vraiment accepter que, dans les articles de journaux, les émissions télévisées, les programmes scolaires et les vitrines des musées, l'accent continue à être mis aussi unilatéralement sur les quarks ou l'ADN, lorsque les physiciens retrouvent leur intérêt pour les flocons de neige [30], les tas de sable [31], les bulles et les vagues [32], et les biologistes pour les mœurs des oiseaux [33] ou des grands singes [34] ?

Une analogie peut ici être éclairante avec l'histoire de la musique occidentale. La musique en effet, longtemps, ne fut que moderne. Jusque vers le premier tiers du XIXe siècle, chaque époque ne jouait guère que sa propre musique. Les compositeurs et les styles musicaux du passé étaient relégués dans les livres d'histoire, et les programmes des concerts ne faisaient place qu'aux contemporains. Au moment même où les musiciens commencèrent à s'engager sur des voies radicalement nouvelles, ils éprouvèrent le besoin de raffermir leurs attaches avec la tradition en inventant, littéralement, l'idée de « musique classique ». C'est Mendelssohn qui conféra à Bach sa stature culturelle en osant remettre au programme des concerts publics des œuvres vieilles de plus d'un siècle. Comparaison n'est pas raison, et bien des aspects empêchent l'analogie d'être poussée trop loin. Là cependant réside l'une de nos tâches urgentes : inventer la

---

30. LIBBRECHT Kenneth George. *Flocons de neige*. Montréal : éditions de l'Homme, 2003. Voir aussi le site Internet www.its.caltech.edu/~atomic/snowcrystals.

31. GUYON Étienne et TROADEC Jean-Paul. *Du sac de billes au tas de sable*. Paris : Odile Jacob, 1994 ; DURAN Jacques. *Sables émouvants*. Paris : Belin, 2003.

32. GENNES Pierre-Gilles (de), BROCHARD-WYART Françoise et QUÉRÉ David. *Gouttes, bulles, perles et ondes*. Paris : Belin, 2002.

33. DESPRET Vinciane. *Naissance d'une théorie éthologique : la danse du cratérope écaillé*. Paris : Les Empêcheurs de penser en rond, 1996.

34. Il existe une abondante littérature récente sur l'éthologie des grands singes : voir, par exemple, LESTEL Dominique. *Paroles de singes. L'impossible dialogue homme-primate*. Paris : La Découverte, 1995 ; WAAL Frans (de). *Quand les singes prennent le thé. De la culture animale*. Paris : Fayard, 2001.

in the characters of its novels or plays, though it must be said we should not paint too black a picture here and the exceptions to this rule deserve to be mentioned and read.[37] But if the situation is not desperate, this is, first, because, between the natural sciences — too often the only sciences the word "science" spontaneously conjures up — and literature in the strict sense, lies the vast continent of the social and human sciences, in which the difficulty of the objects of research and the importance of the cultural context demand, as we have said, an active relation to writing and to language. And, second, because science is not the property of the scientists alone and the circulation of its knowledge depends at least as much on public communication activities (teaching, popularization, etc.) as on minority publications. The rigid formal codification that is the norm today in these professional publications is leading to an impoverishment of thought and limiting the spread of knowledge. It is, then, mainly through its exchanges with the non-scientific community that the link between science and culture in general, and between science and literature in particular, is maintained.[38]

The accepted opposition between "the" scientist and "the" literary person is merely a fiction — and a largely inoperative one. The multiplicity of scientific fields and the division of labour within the two spheres make individual roles generally as varied *within* the two as they are *between* them. The director of a private pharmacobiology laboratory and the young researcher in cosmology are certainly not on the same footing, nor do they have the same cultural attitudes, any more than do the famous novelist and the jobbing journalist on a local newspaper. But it is precisely this diversity which, fortunately, prevents an absolute opposition from developing between the two fields such as to turn them into two opposing camps. It would be better, then, if our aim is to bring people together or, at the very least, to bring them into fruitful confrontation, to point up

37. See LÉVY-LEBLOND Jean-Marc. "Le miroir, la cornue et la pierre de touche". *La Pierre de touche (La science à l'épreuve...)*. Paris: Gallimard (Folio-Essais), 1996, pp. 183-218; BRAFFORT Paul. *Science et littérature*. Paris: Diderot, 1999.

38. See "L'écrit de la science". *Alliage*, no. 37-38, Spring 1999, special issue.

science classique, en faisant de cette épithète une marque de valeur et d'appel, non plus de caducité et d'abandon.

Sciences, arts et lettres

Et puisqu'il est question des formes reconnues de la culture (musique, littérature, arts plastiques, etc.), est-il encore possible pour la science de renouer avec elles ?

Commençons par la littérature. On l'a dit, celle de notre temps ne fait guère place à la science, ni dans les thématiques, ni dans les personnages des romans ou pièces de théâtre. Encore qu'il ne faille pas noircir le tableau et que les exceptions à cette règle valent d'être répertoriées et fréquentées [35]. Mais si la situation n'est pas désespérée, c'est d'abord que, entre les sciences de la nature, trop souvent les seules auxquelles renvoie spontanément le mot « science », et la littérature au sens propre, s'étend le vaste continent des sciences sociales et humaines où la difficulté des objets de recherche comme l'importance du contexte culturel exigent, on l'a dit, un rapport actif à l'écriture et à la langue. C'est ensuite que la science n'est pas propriété des seuls scientifiques et que la circulation de ses connaissances repose au moins autant sur les activités de communication publique (enseignement, vulgarisation, etc.) que sur les publications réservées à une minorité. La rigide codification formelle qui est de règle aujourd'hui dans ces publications professionnelles conduit à un appauvrissement de la pensée et à un affaiblissement du partage des savoirs. C'est donc surtout par les échanges de la science avec le monde profane que se maintient son lien avec la culture en général, avec la littérature en particulier [36].

L'opposition admise entre « le » scientifique et « le » littéraire ne constitue qu'une fiction largement inopérante. La multiplicité des domaines et la division des tâches dans les deux sphères

35. LÉVY-LEBLOND Jean-Marc. « Le miroir, la cornue et la pierre de touche ». *La Pierre de touche (La science à l'épreuve...)*. Paris : Gallimard (Folio-Essais), 1996, pp. 183-218 ; BRAFFORT Paul. *Science et littérature*. Paris : Diderot, 1999.

36. Voir « L'écrit de la science ». *Alliage*, n° 37-38, printemps 1999, numéro spécial.

the variety of positions and highlight, in each field, the contrast between activities that are of the order of creation, mediation or communication.

Literature has something to offer science, insofar as science might recover its cultural dimension and not just sink into the pure "operationality" that is gradually transforming it into a techno-science bereft of any intellectual perspective. If instrumental know-how has not entirely blotted out the speculative knowledge from which it tends decreasingly to emanate, then literature certainly can help science. And scientists would be well advised, to begin with, to give much more thought to an essential practice within literature: criticism. Though it is clearly the case that in literature, as in music or painting, an explicit, specific critical activity exists and is recognized as such, the same certainly does not apply in science. The claim of the producers of science to be the sole masters of its evaluation and orientations is theoretically no more acceptable than setting up as judge and jury in any other field. What we need now is a genuine criticism of science, in the same way as we have a literary criticism.

Besides such a lesson in general deportment, the sciences should also take some lessons in imagination from great literature. Rare and unpredictable as they may be, opportunities exist for a particular literary work, at a specific moment, to suggest the solution to a scientific problem. Without wishing absurdly to find answers to all the problems of science in the pages of novels, we have every right to believe that greater familiarity with literary fiction might develop the scientific imagination and make it more supple (it is here that science-fiction can play a certain role). Lastly, literature can quite simply provide science with lessons in writing, as the banalization of style has serious effects on the sharing of knowledge. It is right, then, that we should welcome as a notable contribution to the renewal and enrichment of the indispensable mediations between the world of science and the wider society the appearance of a genuine concern for writing and a recognition of the demands of the written form in books which we shall, as a consequence, term not "popularizations", but works of "scientific culture".

rendent les rôles individuels largement aussi divers en leur sein qu'entre eux. Le directeur d'un laboratoire privé de pharmacobiologie et le jeune chercheur en cosmologie n'ont certainement pas la même posture, y compris sur le plan culturel, pas plus que le romancier de renom et le journaliste de faits divers dans un quotidien local. Mais c'est précisément cette diversité qui, heureusement, empêche d'établir une opposition absolue entre les deux *champs* qui en ferait deux *camps*. Mieux vaudrait donc, dans la perspective de rapprochements ou, tout au moins, de confrontations fécondes, mettre en évidence la variété des positions et jouer, par exemple, dans chaque domaine, sur le contraste entre des activités relevant de la création, de la médiation ou de la communication.

La littérature pourrait être utile à la science dans la mesure où celle-ci retrouverait sa dimension culturelle et ne se contenterait pas de sombrer dans la pure « opérativité » qui la transforme progressivement en une technoscience privée de toute perspective intellectuelle. Si le savoir-faire instrumental ne recouvre pas complètement le savoir spéculatif dont il est de moins en moins l'émanation, alors oui, la littérature peut aider la science. Et d'abord, les scientifiques seraient bien inspirés de réfléchir plus avant à une pratique essentielle de la littérature : la *critique*. S'il va de soi qu'il existe en littérature, comme en musique ou en peinture, une activité critique explicite, spécifique et reconnue pour telle, il n'en est certes pas de même dans la science. La prétention des producteurs de science à être eux-mêmes, et seuls, maîtres de son évaluation et de ses orientations, n'est pas plus acceptable que la position de juge et partie en quelque autre domaine. C'est une véritable critique de science, comme il existe une critique littéraire, qui dorénavant est nécessaire.

Outre une telle leçon de maintien, on ne saurait refuser des belles-lettres quelques leçons d'imagination. Aussi éparses et imprévisibles soient-elles, les occasions existent où telle œuvre littéraire pourrait à point nommé suggérer la solution d'un problème scientifique. Sans vouloir absurdement trouver des réponses à tous les problèmes de la science entre les lignes des romans, il n'est pas interdit de penser qu'une meilleure fréquen-

By contrast, the potential contributions of science to literature currently seem much more limited. Scientific activity may, admittedly, offer some new situations for novelistic treatment, but no more, overall, than economic or political activity. It may provide a few metaphors too, and we know how those of the Big Bang or the Butterfly Effect have been used, but these are often merely returned borrowings rather than genuine contributions. Lastly, the formal rules of the exact sciences have in some instances stimulated productive literary endeavour (the work of Oulipo is an example[39]), but these can only be individual cases.

As for the plastic arts, they are currently subject to a charm offensive from, if not indeed a takeover by, science. One loses count of the conferences on the theme of the connections and parallels between the two fields. There is, however, a potentially dangerous trap here. In a world where technoscience poses increasingly acute problems, there is a real risk of scientists trying to find legitimation for their research in its use in a particular artistic project. What is done in laboratories is no longer presented as being solely of the order of Truth, but is also said to have a connection with Beauty. Hence all those exhibitions which present scientific images in false colours and on the wrong scale as so many aesthetic successes. It is certainly no coincidence that "biotech" art should make its appearance at the point when the industrial exploitation of genetics is, rightly or wrongly, being called into question.

Similarly, artists may hope that moving closer to the technosciences will bring them a guarantee of modernity. But the purely instrumental use of certain electronic or computer techniques does not necessarily enhance the content of the works produced, and is in no sense a sufficient basis for an active relationship between science and art. Otherwise, we should have to regard the innovation that was oil painting as the high point of chemistry's contribution to culture... In reality, it is often by a wilful paucity of materials that certain contemporary artists

---

39. OULIPO (Ouvroir de littérature potentielle). *Abrégé de littérature oulipienne*. Paris: Mille et une Nuits, 2002.

tation de la fiction littéraire pourrait assouplir et développer l'imagination scientifique (c'est ici que la science-fiction peut jouer un certain rôle). Enfin, ce sont tout simplement des leçons d'écriture que la littérature peut proposer à la science. Car la banalisation du style a de sérieuses conséquences sur le partage des savoirs. Aussi faut-il saluer comme une contribution notable au renouveau et à l'enrichissement des indispensables médiations entre le milieu scientifique et le corps social, l'apparition d'un véritable souci de l'écriture, d'une exigence de la forme écrite, dans des livres que, du coup, on préférera appeler « de culture scientifique » plutôt que « de vulgarisation scientifique ».

Les possibles apports inverses de la science à la littérature paraissent aujourd'hui bien plus limités. Certes, l'activité scientifique peut offrir quelques situations romanesques nouvelles, mais pas plus, à tout prendre, que les activités économiques ou politiques. Quelques métaphores aussi, et l'on connaît la fortune du *big bang* ou de l'effet papillon, mais ce sont souvent des rendus pour des prêtés plus que de véritables contributions. Enfin, les règles formelles des sciences exactes ont pu stimuler des recherches littéraires fécondes (voir le travail de l'Oulipo [37]), mais il ne peut s'agir là que de cas d'espèce.

Quant aux arts plastiques, ils font aujourd'hui l'objet d'une véritable opération de séduction, sinon de récupération par la science. On ne compte plus les colloques sur le thème des rapprochements et des parallèles entre les deux domaines. Il y a pourtant là un piège redoutable. Dans un monde où la technoscience pose des problèmes de plus en plus aigus, le risque est réel de voir les scientifiques chercher à trouver une légitimation de leurs recherches dans leur utilisation par tel ou tel projet artistique. Ce qu'on fait dans les laboratoires ne relèverait pas seulement du Vrai mais aurait à voir avec le Beau. D'où tant d'expositions qui exhibent des images scientifiques en fausses couleurs et hors d'échelle comme autant de réussites esthétiques. Ce n'est certainement pas par hasard que l'art « biotech »

---

37. OULIPO (Ouvroir de littérature potentielle). *Abrégé de littérature oulipienne*. Paris : Mille et une Nuits, 2002.

(Beuys or Penone, for example) pose questions about the role of science and technology in our lives, without necessarily wishing to, or even knowing they are doing so.[40]

In any event, one would not wish to see science making a comic spectacle of itself, like the jay dressed in peacocks' plumage, or art meeting the equally sad fate of the peacock that borrowed the jay's.

Sharing Knowledge... or Power?

Contemporary science is undergoing a profound transformation: it is experiencing both a general levelling-off of its resources and increased social responsibility. It is having to go beyond its explanations and applications and face up to its implications and complications. And so society, having taken over the organization of scientific research, must now take a grip on its cultural context, with a view to achieving several objectives at once:[41]

— a **political** objective: the maintenance of the democratic nature of our society requires the extension of collective debate and decision-making to the general orientation of science, technology and industry, and this requires a considerable raising of the level of competence of the citizenry in these areas;

— a **cultural** objective: the importance of science and technology in our social life makes it imperative that they re-find a place within general culture, both to avoid their being reduced to their mere utilitarian dimensions and to enable them to play their part in giving meaning to human existence and action;

---

40. See LÉVY-LEBLOND Jean-Marc. "Brèves rencontres". *La Pierre de touche. Op. cit.*, pp. 165-182.

41. A quite thorough outline of what a general policy of "culturating science" might look like can be found in a programmatic document drawn up in 1999 by the Scientific Council for Scientific and Technical Culture and Information and for Museums in the French Ministry of Research. See "Pour une politique de culture et d'information scientifiques et techniques". *Bulletin de l'AMCSTI*, 2001.

apparaît au moment où l'exploitation industrielle de la génétique est mise en cause, à tort ou à raison.

Réciproquement, les artistes peuvent croire trouver dans un rapprochement avec les technosciences une garantie de modernité. Mais l'utilisation purement instrumentale de certaines techniques, électroniques ou informatiques, ne rejaillit pas nécessairement sur les contenus des œuvres qui y recourent, et ne suffit nullement à fonder un rapport actif entre science et art. Il faudrait sinon tenir l'innovation picturale que fut la peinture à l'huile pour le summum du rôle culturel de la chimie... En vérité, c'est souvent par l'utilisation de matériaux et de moyens délibérément pauvres que certains artistes contemporains (Beuys, Penone, par exemple), sans nécessairement le savoir ou le vouloir d'ailleurs, nous interrogent sur le rôle des sciences et des techniques dans notre vie [38].

On souhaiterait, en tout cas, éviter à la science le comique du geai se parant des plumes du paon, et à l'art le pathétique du paon qui emprunterait ses plumes au geai.

Partager le savoir... ou le pouvoir ?

C'est une profonde mutation que traverse la science contemporaine : elle connaît à la fois un plafonnement global de ses ressources et une responsabilité sociale accrue. Par-delà ses explications et ses applications, la science désormais fait face à ses implications et ses complications. Ainsi la société, après avoir pris en charge l'organisation de la recherche scientifique, doit-elle maintenant se saisir de son contexte culturel, en visant simultanément plusieurs objectifs [39] :

---

38. Voir LÉVY-LEBLOND Jean-Marc. « Brèves rencontres ». *La Pierre de touche. Op. cit.*, pp. 165-182.

39. On trouvera une esquisse assez complète de ce que pourrait être une politique générale de « mise en culture » de la science dans un document programmatique rédigé en 1999 par le Conseil scientifique de la culture et de l'information scientifiques et techniques et des musées, placé auprès du ministre de la Recherche. Voir « Pour une politique de culture et d'information scientifiques et techniques ». *Bulletin de l'AMCSTI*, 2001.

— and a **scientific** objective: the tendency to see scientific research in purely instrumental terms (the development of "technoscience") threatens to uncouple knowledge from action and create a situation in which know-how is valued over knowledge; it is important, then, for the future of science itself that it recover its full cultural significance, so that it can maintain its goal of rendering the world intelligible and retain its critical capacity.

But there can be no question of forgetting that science and technology develop within a society fraught with tensions and conflicts, many of which now relate to the consequences of techno-scientific development. Work on the relations between science and culture cannot leave out of account the (cultural, social and ideological) resistance, if only implicit, which that development runs up against within various social groups. It would be simplistic to explain away such resistance as the resurgence of "irrationality", which is something we conjure up too readily as a bogey.

We can understand, then, why it would be wholly inadequate to see such a project merely as an enterprise in information and communication, however well-intentioned. This is because the mere transmission of knowledge it involves is subject to a twofold threat:

— the Charybdis of media excess, leading to a conception dominated by events and utilitarian considerations;

— and the Scylla of didacticism, to the detriment of the imaginative dimension and the pleasure that is to be got from knowledge.

Though a formulation in terms of "scientific culture" (and even "technical culture") is doubtless unavoidable in institutional and administrative parlance, we shall nonetheless be careful not to forget that what this denotes is, first and foremost, a lack. We shall also note the risk of this formulation being understood, as is currently the tendency, as mere passive consumption. Considering a number of recent productions (particularly television productions), there is a real risk of seeing "culture" reduced to an essentially spectacular, commercial conception.

— **politique** : le maintien de la nature démocratique de notre société exige l'extension du débat et du choix collectifs aux grandes orientations scientifiques, techniques et industrielles, ce qui demande une considérable élévation du niveau de la compétence citoyenne en ces domaines ;

— **culturel** : l'importance de la science et de la technique dans notre vie sociale leur impose de retrouver place dans la culture générale, pour éviter qu'elles ne soient rabattues sur leur seule dimension utilitaire, et pour qu'elles puissent contribuer à donner sens à l'existence et à l'action humaines ;

— **scientifique** : la tendance à l'instrumentalisation de la recherche scientifique (développement de la « technoscience ») menace de découpler la connaissance et l'action, de dévaluer le savoir au profit du savoir-faire ; il y va donc de l'avenir de la science elle-même qu'elle retrouve sa pleine portée culturelle afin de conserver sa visée d'intelligibilité du monde et sa portée critique.

Mais il ne saurait être question d'oublier que la science et la technique se développent dans une société traversée de tensions et de conflits, dont nombre touchent désormais aux conséquences du développement technoscientifique. Le travail sur les rapports entre science et culture ne peut faire l'impasse sur les résistances (culturelles, sociales, idéologiques), fussent-elles implicites, que rencontre ce développement dans différents groupes sociaux et qu'il serait simpliste de réduire aux résurgences d'un « irrationnel » trop facilement érigé en repoussoir.

On comprend donc pourquoi l'identification d'un tel projet à une entreprise d'information et de communication, aussi bien intentionnée soit-elle, serait très insuffisante. C'est que la seule transmission des savoirs qu'elle implique est soumise à une double menace :

— le Charybde de la dérive médiatique, conduisant à une conception dominée par l'événementiel et l'utilitaire ;

— le Scylla du rabattement didactique, au détriment de la dimension de l'imaginaire et du plaisir de la connaissance.

It will be clear that culture cannot be a mere foil for science, a go-between handed the task of reconciling science with society. Besides, the questions the development of the contemporary technosciences pose for us have to do less and less with the knowledge they bring and more and more with the powers they unleash. But can we, and indeed must we, as is often thought, assimilate the former before we can control the latter?

If we want to reintegrate science and technology into culture, the limits of our collective capacities for knowledge have first to be admitted, evaluated and confronted. All the more so as the demand that everyone should become, if not an expert, then at least competent in science and technology before they can legitimately give their opinion in these matters is, when all is said and done, absolutely contrary to the basic postulate of the democratic spirit. This is because democracy is a gamble, and a dangerous one at that: the gamble that (political) awareness counts for more than competence (here, scientific competence) and that the level of the latter will rise once the former has been mobilized. And we also need to develop new political instruments, better adapted to the difficult techno-scientific questions than the decision-making techniques currently in force. The fact that the French National Assembly, following the example of its counterparts in many developed countries, has set up a parliamentary office for the evaluation of scientific and technical decisions (OPECST) shows, despite the limited nature of the initiative, that awareness of the problem is becoming more acute. More interesting, doubtless because they are more innovative, are the "citizen panels" invented in the Scandinavian countries and now tested out elsewhere, particularly in France. Lay citizens and experts meet on these panels for extended debate on topical issues (such as genetically modified organisms) and ultimately produce reasoned recommendations for the public authorities. This is doubtless a trend we shall see expanding as a result of the actions of various community and campaigning movements.[42]

42. For example, the foundation "Sciences Citoyennes" (website www.asts.asso.fr).

Si donc une formulation en termes de « culture scientifique » (et même « technique ») est sans doute incontournable dans le vocabulaire institutionnel et administratif, on veillera cependant à ne pas oublier qu'elle désigne avant tout un manque. On notera d'ailleurs le risque que cette formulation soit comprise selon un usage devenu commun qui limite la culture à sa seule consommation passive. À considérer nombre des productions récentes (télévisuelles surtout), le risque est réel d'en voir dominer une conception essentiellement spectaculaire et marchande.

On l'aura compris : la culture ne saurait être un simple faire-valoir de la science, une entremetteuse chargée de la réconcilier avec la société. Au demeurant, les questions que nous pose le développement des technosciences contemporaines tiennent de moins en moins aux connaissances qu'elles nous apportent et de plus en plus aux puissances qu'elles déchaînent. Mais peut-on, et d'ailleurs faut-il, comme on le croit souvent, assimiler les premières avant que de maîtriser les secondes ?

Si nous voulons réintégrer la science et la technique dans la culture, les limites de nos capacités collectives de connaissance doivent d'abord être admises, évaluées et affrontées. Et cela est d'autant plus vrai que l'exigence de voir chacun devenir, sinon expert, du moins compétent en sciences et techniques avant qu'il puisse légitimement donner son avis en ces matières, est en définitive absolument contraire au postulat fondamental de l'esprit démocratique. C'est que la démocratie est un pari — risqué : le pari que la conscience (politique) prévaut sur la compétence (scientifique en l'occurrence) et que l'élévation de celle-ci suivra la mobilisation de celle-là. Encore faudrait-il que de nouveaux instruments politiques soient mis au point, mieux adaptés aux difficiles questions technoscientifiques que les techniques délibératives et électives en vigueur. Que l'Assemblée nationale française, à l'instar de ses homologues dans nombre de pays développés, se soit dotée d'un Office parlementaire d'évaluation des choix scientifiques et technologiques (OPECST), montre, malgré les limites de son action, que la conscience du problème s'avive. Plus intéressantes, car plus novatrices sans doute, sont les « conférences de citoyens », inventées dans les pays scandinaves et maintenant expérimentées ailleurs, en France en particulier,

Ultimately, the problem to be resolved is not so much that of a knowledge gap separating lay people from scientists, as a power gap in which technoscientific developments escape democratic control by the mass of the citizenry. It is by raising the question of the sharing of power that we shall begin to find an answer to the question of the sharing of knowledge.

qui rassemblent citoyens profanes et experts spécialisés pour un débat au long cours sur des questions brûlantes (comme celle des organismes génétiquement modifiés), pour aboutir à formuler des recommandations argumentées à l'intention des pouvoirs publics. Ce mouvement est sans doute appelé à s'amplifier sous l'action de divers mouvements associatifs ou revendicatifs [40].

Au fond, le problème à résoudre n'est pas tant celui d'un hiatus de savoir qui séparerait les profanes des scientifiques, que celui du hiatus de pouvoir qui fait échapper les développements technoscientifiques au contrôle démocratique de l'ensemble des citoyens. C'est en posant la question du partage du pouvoir que l'on commencera à répondre à la question du partage du savoir.

40. Par exemple, la fondation Sciences citoyennes, site Internet http://sciences citoyennes.org.

Quelques références utiles / *Some Useful References*

Les organisations mentionnées ici développent toutes des activités en rapport avec la diffusion de la culture scientifique et technique (CST) / *The organizations listed here are all developing activities related to the dissemination of scientific and technical culture.*

- www.culture.gouv.fr
Ministère de la Culture et de la Communication / *French Ministry of Culture and Communication (French only).*

- www.diplomatie.fr
Ministère des Affaires étrangères, voir « culture/culture scientifique » et « éducation et sciences » / *French Ministry of Foreign Affairs. See "Culture/Developing Science" and "Education and Science".*

- www.diplomatie.fr/culture/culture_scientifique/lettre_cult_sc/pdf/03.pdf
Sciences & Culture INFOS, des événements de CST sur les cinq continents, trimestriel, Direction de la coopération scientifique et universitaire (DCSU) / Sciences & Culture INFOS, *published quarterly by the Direction de la coopération scientifique et universitaire (DCSU).*

- www.sciencesetculture.org
Sélection d'expositions interactives / *selection of interactive exhibitions.*

- www.science.gouv.fr
Le portail de l'Internet scientifique, site d'actualités, d'histoire et d'informations scientifiques / *portal of the scientific Internet, site for scientific news, history and information.*

- www.europa.eu.int/comm/research/rtdinfo/index_fr.html
RDT-Info, journal trimestriel / RDT-Info, *magazine on European research (quarterly).*

- www.unep.org/french/default-fr.asp
Programme des Nations unies pour l'environnement / *United Nations Environment Programme.*

- http://lareunion.crihan.fr/fonctions.html
Association nationale des centres de culture scientifique, technique et industrielle (CCSTI) / *French national association of Centres of Scientific, Technical and Industrial Culture (CCSTI).*

- www.centre-sciences.asso.fr
Site du CCSTI de la région Centre / *site of the CCSTI of the Centre Region.*

- www.asts.asso.fr
ASTS (Association sciences, techniques et société).

- amcsti@cnam.fr (contact)
AMCSTI (Association des musées et centres de culture scientifique, technique et industrielle).

- www.1001-sciences.org
Café des sciences de Lyon / *science café of Lyon.*

- www.unige.ch/fapse/SSE/teachers/giordan/LDES/prod/produc/bateleur.html
Compagnie théâtrale « Les bateleurs de la science » / *theatre company "Les bateleurs de la science".*

- http://science89.free.fr
Compagnie théâtrale « Science 89 » / *theatre company "Science 89".*

- www.univ-lille1.fr/culture
Service Culture de l'université de Lille I / *cultural service of the University of Lille 1.*

- www.tribunes.com/tribune/alliage/accueil.htm
Revue *Alliage (culture, science, technique)* / *Journal* Alliage (culture, science, technique).

Quelques références utiles / *Some Useful References*

- www.culture-bx1.u-bordeaux.fr/CultSc/ArtSc
Revue *Cahiers art et science / Journal* Cahiers art et science.

- www.recherche.gouv.fr/discours/2004/plancs.htm
Plan national pour la diffusion de la culture scientifique et technique / *French plan for scientific and technical culture spreading.*

- http://sfp.in2p3.fr
Société française de physique / *French Physical Society.*

- www.recherche.gouv.fr/socsavantes
Annuaire des sociétés savantes / *register of learned societies (French only).*

- www.cite-sciences.fr
Cité des Sciences et de l'Industrie, La Villette / *City of Sciences and Industry at La Villette (Paris).*

- www.mnhn.fr
Muséum national d'Histoire naturelle / *(French) Natural History Museum.*

- www.mae.org
Musée de l'Air et de l'Espace, Le Bourget, Paris / *Air and Space Museum, Le Bourget (Paris).*

- www.ocim.fr/sommaire/reseau/index.html
62 muséums en France et CCSTI / *Network of 62 museums and Centres of Scientific, Technical and Industrial Culture in France.*

- http://museum.agropolis.fr
Agropolis muséum / *Agropolis museum.*

- www.palais-decouverte.fr
Palais de la Découverte, Paris.

- www.arts-et-metiers.net
Musée des Arts et Métiers, Paris.

- http://debrouillonet.dyndns.org
Association française des petits débrouillards (réseau de 14 associations nationales) / *network of 14 national community organizations.*

- www.milset.org
MILSET, Mouvement international pour le loisir scientifique et technique / *International Movement for Scientific and Technical Leisure.*

- www.inrp.fr/lamap
Association La main à la pâte : enseignement des sciences à l'école maternelle et élémentaire / *"La main à la pâte", a voluntary-sector organization teaching science in infants and junior schools.*

- www.rfi.fr
RFI, Radio France internationale, plusieurs émissions sur l'École, la science, la santé, l'environnement / *RFI, Radio France internationale, broadcasts many programmes on education, science, health and the environment.*

- www.telesavoirs.com
Web-TV du débat scientifique / *science-based Web-TV.*

- www.bardessciences.net
Bars des sciences de la région parisienne / *site of the Paris-region science bars.*

N.B. : Voir également dans le texte les références citées en note et non reprises ici / *See also the references cited in the notes to the main text which are not reproduced here.*

Ouvrages du même auteur
Works by the Same Author

La Physique en questions ; tome 1, *Mécanique*. Paris : Vuibert, 1980 (nouvelle édition, 1999) ; tome 2 (avec André Butoli), *Électricité et magnétisme*. Paris : Vuibert, 1982 (nouvelle édition, 1999).

L'Esprit de sel (science, culture, politique). Paris : Fayard, 1981 (nouvelles éditions, Paris : Le Seuil, 1984, 1991).

Quantique (avec Françoise Balibar) ; tome 1, *Rudiments*. Paris : Inter-Éditions / CNRS, 1984 (nouvelle édition, Paris : Masson, 1997) (English translation : *Quantics (Rudiments)*. Amsterdam : North-Holland, 1990) ; tome 2, *Éléments*, à paraître.

Mettre la science en culture. Nice : ANAIS (Association niçoise d'animation et d'information scientifique), 1986 (épuisé).

La Pierre de touche (La science à l'épreuve...). Paris : Gallimard (Folio-Essais), 1996 (traduction italienne : *La Pietra del paragone*. Naples : Cuen, 1999).

Aux contraires (l'exercice de la pensée et la pratique de la science). Paris : Gallimard, 1996 (traduction espagnole : *Conceptos contrarios*. Barcelone : Tusquets, 2001 ; traduction brésilienne : *O pensar e a pratica da ciência*. CNUSC, 2004).

Impasciences. Paris : Bayard, 2000 (nouvelle édition augmentée, Paris : Le Seuil, 2002).

Cet ouvrage a été composé par Stéphanie Debruyne (Futuribles).
Achevé d'imprimer par l'Imprimerie Floch à Mayenne (France),
le 29 novembre 2004
N° d'imprimeur : 61659 - Dépôt légal : 4e trimestre 2004
ISBN : 2-84387-309-6